卫星通信基础

王　桁　郭道省　主编

国防工业出版社

·北京·

内容简介

本书系统地讲述了卫星通信系统的基本概念、基本原理、卫星轨道、转发器、电波传播特点、卫星通信链路的分析设计方法和系统关键技术等方面的内容。

本书主要作为军队高等教育自学考试通信工程专业“卫星通信基础”课程的教材,也可供其他有关专业和工程技术人员参考。

图书在版编目(CIP)数据

卫星通信基础/王桁,郭道省主编. —北京:国防工业出版社, 2024.7 重印

ISBN 978-7-118-12276-3

Ⅰ. ①卫… Ⅱ. ①王… ②郭… Ⅲ. ①卫星通信 Ⅳ. ①TN927

中国版本图书馆 CIP 数据核字(2021)第 040249 号

※

国防工業出版社 出版发行

(北京市海淀区紫竹院南路 23 号 邮政编码 100048)

北京虎彩文化传播有限公司印刷

新华书店经售

*

开本 787×1092 1/16 **印张** 8 **字数** 173 千字

2024 年 7 月第 1 版第 2 次印刷 **印数** 3001—4000 册 **定价** 48.00 元

国防书店:(010)88540777 书店传真:(010)88540776

发行业务:(010)88540717 发行传真:(010)88540762

编审人员名单

主　编：王　桁　郭道省

副主编：童新海　赵　兵

编　写：贾跃伟　刘　贤　刘宁松

王　萌　刘　杰　李　杰

前　言

卫星通信具有覆盖范围广、通信容量大、支持业务类型多、组网灵活等特点，在解决地面通信系统没有覆盖的沙漠、海岛、边远地区和不能覆盖的海洋、天空的通信问题方面具有不可替代的作用，在广域干线通信、应急通信、军事通信和广播电视等领域都得到了广泛应用。随着现代通信技术、计算机技术、航天技术和半导体技术高速发展，卫星通信同样发展迅速。

本书是军队高等教育自学考试教材，依据军队高等教育自学考试大纲，确定其基本定位、建设内容和主要服务对象。

本书共分为5章：第1章为卫星通信概述，从卫星通信基本概念入手，阐述卫星通信特点、系统组成、网络拓扑结构、频率选择与业务，并介绍军事卫星通信典型系统与发展趋势；第2章为轨道与空间段，描述通信卫星运动的轨道及主要参数和常用轨道分类，并对通信卫星的组成、工作原理和卫星星座等知识进行了介绍；第3章为电波传播与极化，介绍卫星通信系统中电波传播的主要特性，分析大气、降雨等对电波传播的影响，并对卫星通信中极化的相关知识进行描述；第4章为卫星通信链路设计，对卫星通信链路的基本概念进行介绍，并详细分析卫星通信链路的分析、设计以及计算方法；第5章为卫星通信体制与关键技术，介绍卫星信道特点和卫星通信体制，重点介绍卫星通信多址连接方式、信道分配与交换制度、抗干扰技术等。

本书第1章、第5章由郭道省编写，第2章、第3章由王桁编写，第4章由贾跃伟、王桁编写，参与编写工作的还有童新海、赵兵、刘贤、刘宁松、王萌、刘杰和李杰，全书由王桁统稿。

在本书编写过程中，参考了很多国内外相关文献，在此对这些作者表示感谢。

由于时间仓促，作者水平有限，书中难免存在不足和疏漏之处，敬请读者提出宝贵意见。

编　者

2020年1月

目　　录

第1章 卫星通信概述

当今社会,信息技术发展迅速,在通信领域中,各种新业务、新网络和新终端不断出现,为人与人、人与机器以及机器与机器之间的通信提供了更加广泛的选择。单纯依靠有线通信网络和地面蜂窝通信系统已不能满足人们日益增长的通信需求,这为发展卫星通信提供了契机。卫星通信可为航空、海事和地面用户提供服务,把通信的覆盖范围扩展到空间、海域和地面边远地区,具有全球覆盖的独特优势。卫星通信具有的覆盖范围广、支持业务类型多和便于实现机动通信等优点,使之更加适用于军事通信,对国家安全具有重要意义。

1.1 卫星通信概念

1.1.1 通信与通信系统

通信是指从一个地方向另一个地方进行信息的有效传递,因此,克服距离上的障碍、迅速而准确地传递信息是通信的任务。

传递(交换)信息所需要的一切技术与设备的总和称为通信系统。通信系统组成框图如图1.1所示。

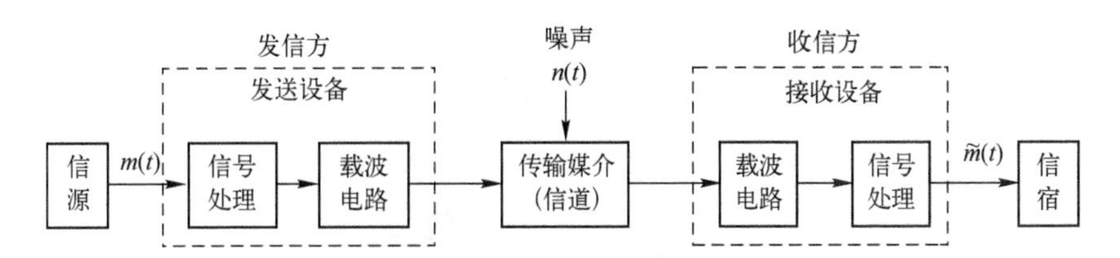

图1.1 通信系统组成框图

信源是发出信息的源,也是产生消息的机构,消息中包含着信息,是用户所关心的部分。信源输出的信号在系统其他部分被转换、复制、处理。信源既可以输出连续的模拟信号(称为模拟信源),也可以输出离散的数字信号(称为数字信源)。例如,拾音器和摄像机输出的是模拟信号,而电传机和计算机输出的是数字信号。

发送设备包括信号处理和载波电路两个单元。信号处理对来自信源的信息做进一步处理,使它能够更有效地在所选定的传输媒介上传输。载波电路完成信号处理单元送出的基带信号到适合于特定传输媒介发送的频带信号(在某些信道下也可能是基带信号)之间的转换。

传输媒介通常统称为信道,给通信系统信号提供传输通道。可以说,使用的传输媒介几乎决定了该通信系统的主要特征,这是因为信号在传输媒介中传输时,会受到损耗、失真、衰落等影响,并会叠加传输媒介引入的各种噪声和干扰。

接收设备也包括信号处理和载波电路两个单元。载波电路接收来自传输媒介的信号能量,并完成频带信号到基带信号的转换。信号处理单元完成发送方信号处理单元功能的逆过程。接收设备尽可能"净化"受到信道"污染"的发送信号,并将发送信号的最佳估计送到信宿。

信宿是信息传输的归宿,所有的电信号在信宿将重新被变换成消息的原始物理形式输出,例如,拾音器将音频信号变成声波输出,摄像机将视频信号变成图像输出。

图 1.1 给出的通信系统是单向传输系统。广播是典型的单向通信系统,但一般来说,作为双方进行信息交互的通信系统通常是双向的(如电话),此时通信的两端都设置有发、收信设备。当然,传输媒介也应当是能双向传输的。另外,通信也不只是点对点通信,很多情况下是多点之间的通信,以完成信息的传输与交换,这就涉及复用技术、多址技术和交换技术,共同构成一个完整的通信系统或通信网。

1.1.2 卫星通信的定义

卫星通信是指设置在地球上的无线电通信站之间利用人造地球卫星作为中继站的两个或多个站之间的通信。无线通信站包括地面、空中、水面和水下的各种站型,统称为地球站,地球站可能处于固定、机动和移动各种状态。卫星通信示意图如图 1.2 所示。

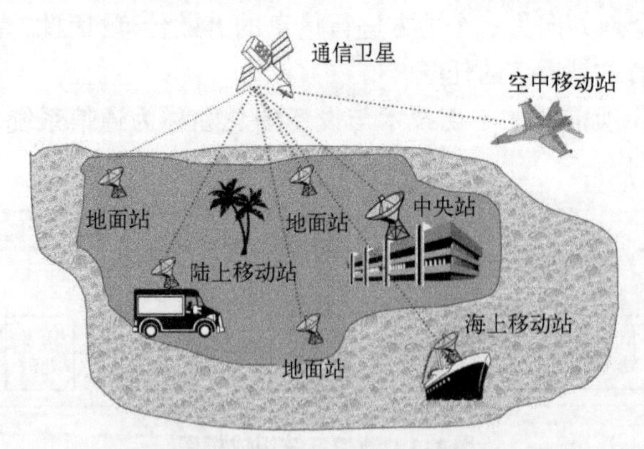

图 1.2 卫星通信示意图

卫星通信是航天技术和现代通信技术相结合的重要成果,不仅在广播电视、移动通信及宽带互联网等民用领域应用广泛,而且是当今信息化战争中必不可少的军事通信方式之一。

1.1.3 卫星通信与地面微波中继通信

微波中继通信是指利用地面中继站进行中继的微波通信,微波中继通信与卫星通信具有共同点与差异性。卫星通信与地面微波中继通信的共同点是两者都是视距传播,实现的都是视距通信。视距通信是指视线可达、通信双方“看得见”、直线可达的通信方式。

卫星通信来源于地面微波中继通信,只不过利用人造地球卫星作为中继站进行中继转发,因此具有与地面微波中继通信不同的特点。卫星通信与地面微波中继通信的主要差别包括两个方面:一是通信卫星距离地面远,通信覆盖范围大,应用灵活;二是相比于地面微波中继通信,卫星通信的信号更微弱。

1.2 卫星通信的特点

1.2.1 卫星通信的优点

卫星通信可以及时、准确、有效地传输信息,与地面光纤通信及其他无线通信方式相比,具有如下优点:

(1) 覆盖范围广。卫星通信的轨道高度虽然不同,但都具有较大的覆盖范围,在不需要地面设施的条件下能覆盖其他地面通信手段难以覆盖到的区域,如广阔的海洋、沙漠,因此,适合偏远地区和全球通信。

(2) 信道条件比较好。卫星通信受环境和自然因素影响较小,信道条件比较好,不像短波通信那样容易受电离层的影响,可以获得比较稳定的通信质量。

(3) 通信容量大。卫星通信的可用带宽比较宽,适合话音、数据、视频和图像等各种业务的综合传输。

(4) 卫星通信具有广播能力。由于通信卫星距离地面高,单颗卫星的覆盖范围大,其覆盖范围内的各种终端均可通过该卫星实现通信,这一优点在军事通信中非常有吸引力,利用单颗卫星就可实现大范围内各类终端的灵活通信。

(5) 支持移动通信。卫星通信是无线电通信,相对于地面有线通信,可实现对大地域范围内移动用户的支持能力,特别适合个人与各类移动武器平台的移动中通信。

由于卫星通信具有其他方式所不可替代的优点,因此卫星通信始终受到各军事强国的高度重视,军事卫星通信已成为实现信息作战的重要手段,是数字化战场信息传输系统的重要组成部分。卫星通信的重要作用在几次局部战争中得到证明,美军在伊拉克战争中,整个战场90%以上的通信任务都是由卫星通信完成的。

1.2.2 卫星通信的缺点

相比于其他通信方式,卫星通信存在如下缺点:

(1) 卫星通信需要先进的空间和电子技术,用来保证通信卫星的发射和卫星在太空的运行。

(2) 通信卫星需要测控,保证通信卫星在空间的姿态满足天线和太阳能电池板的方向要求,并确保卫星不偏离在轨道上的位置。

(3) 信号传播时延大,卫星通信的轨道通常距离地面比较高,信号需要较大的传播时延,相比于高轨道卫星,中低轨道卫星的传播延时要小很多。

(4) 卫星通信通常采用较高的频段,雨雪天气会对信号造成较大的衰减。

(5) 对于高轨道卫星,由于卫星距离地面较高,信号传输距离长,传输损耗比较大,因此接收信号微弱。

1.3 卫星通信系统组成

1.3.1 系统组成

相对于短波/超短波无线通信系统,卫星通信系统要复杂得多,实现卫星通信,首先需要发射人造地球卫星,还应配备保证卫星正常运行的地面测控设备;同时,还需要发射与接收无线电信号的各种通信地球站。

卫星通信系统由空间分系统、跟踪遥测及指令分系统、监控管理分系统和通信地球站分系统四部分组成(图 1.3),其中有的部分直接用来进行通信,有的部分用来保障通信的顺利进行。

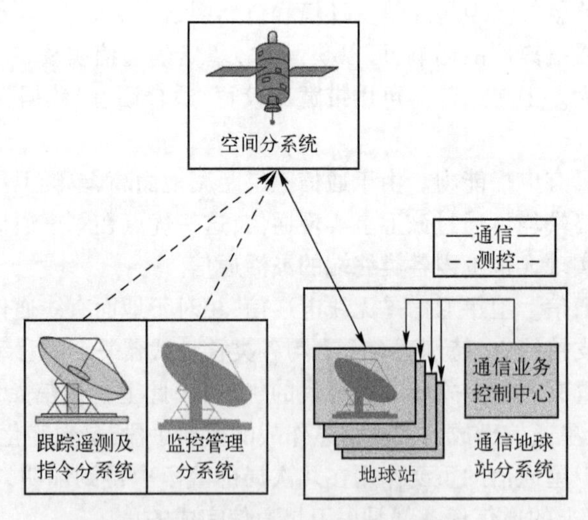

图 1.3　卫星通信系统的基本组成

(1) 空间分系统:通信卫星内的主体是通信装置,其保障部分则是星体上的遥测指令、控制系统和能源装置等。通信卫星主要是起中继站的作用,它是靠星上通信装置中的转发器和天线来完成的。一个卫星的通信装置可以包括一个或多个转发器,每个转发器能同时接收和转发多个地球站的信号。

(2) 跟踪遥测及指令分系统:其任务是对卫星进行跟踪测量,控制其准确进入轨道上的指定位置,待卫星正常运行后,要定期对卫星进行轨道修正和位置保持。

(3) 监控管理分系统:其任务是对卫星在业务开通前后进行通信卫星和整个网络的性能监测和控制。

(4) 通信地球站分系统:它们是装载在不同平台上的无线电收、发信机,用户通过它们接入卫星线路,进行通信。根据装载的平台不同,包括固定站、车载站、机载站、舰载站等。

1.3.2 通信卫星组成

装载在卫星上的设备根据功能可划分为有效载荷和公共舱。有效载荷是指卫星上用于提供通信业务的设备。公用舱不仅包括承载有效载荷的舱体,而且包括为有效载荷提供服务的电源、姿态控制、轨道控制、热控及指令和遥测功能等各种子系统。典型的通信卫星由五部分组成,即天线分系统,通信分系统,控制分系统,跟踪、遥测、指令分系统和电源分系统,如图 1.4 所示。

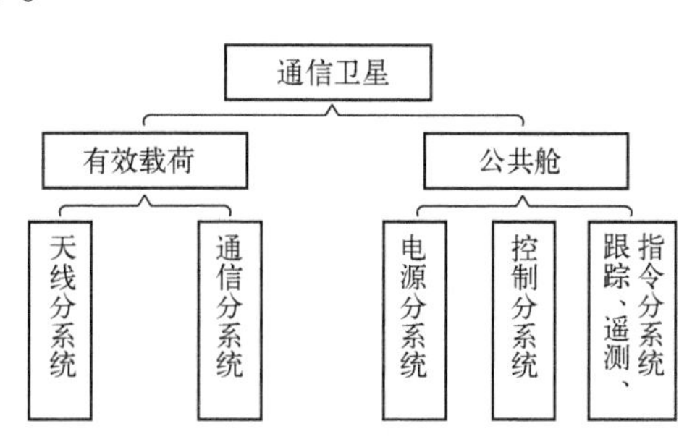

图 1.4 通信卫星组成

1.3.3 地球站组成

卫星地球站可分为固定站、机动站、移动站、背负站、便携站和手持站等。典型的固定地球站由接口设备、信道终端设备、发送接收设备、天线及馈线设备、伺服跟踪设备和电源设备组成,如图 1.5 所示。便携站和手持站等小型站不需要伺服跟踪设备。

(1) 接口设备:处理来自用户的信息,送往卫星信道设备;同时将来自信道终端设备的接收信息进行反变换,送给用户。

(2) 信道终端设备:处理来自接口设备的用户信息,使其适合在卫星线路上传输;同时将来自卫星线路上的信息进行反变换,送给接口设备。

(3) 发送接收设备:发送端将中频信号变为射频信号,并进行功率放大,必要时进行合路;接收端对来自天线的信号进行放大,并将射频信号转换为中频信号,必要时进行分路。

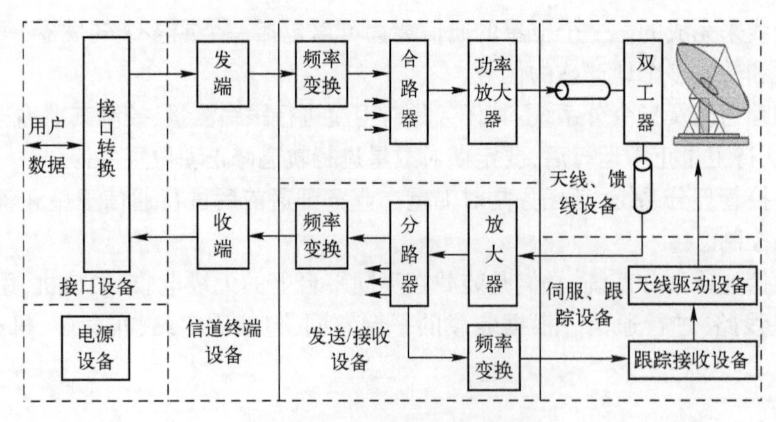

图 1.5 卫星地球站的组成框图

(4) 天线及馈线设备:将来自功率放大器的射频信号变成定向辐射的电磁波;同时收集卫星发来的电磁波,送至放大器。

(5) 伺服跟踪设备:即使是静止卫星,也不是绝对静止,而是在一个几立方千米的区域中随机飘移。对于方向性较强的天线,必须随时校正自己的方位角与仰角来对准卫星。

(6) 电源设备:卫星通信地球站的电源要求较高的可靠性,特别是大型站,一般有几组电源,除市电外,还应有柴油发电机和蓄电池。

进入 21 世纪以来,世界各国竞相发展一种小型卫星地球站,这种地球站的天线口径很小,具有结构紧凑、固体化、智能化、价格便宜、安装方便、对使用环境要求不高、组网灵活等特点。

1.4 卫星通信网络拓扑结构

常用的卫星通信网络拓扑结构有星状网结构、网状网结构和混合网结构。

星状网结构如图 1.6 所示,在此结构中,一个中心站(也称为主站或关口站)对应若干小站(远端站),小站只能与中心站通信,小站之间的通信要通过中心站转接,经过双跳形式才能通信,故传播时延较大。

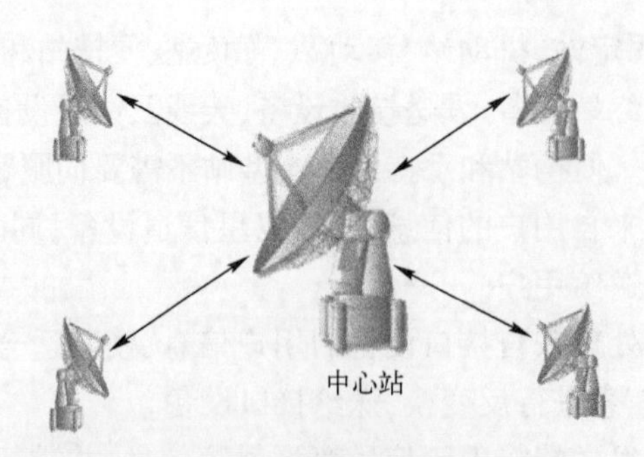

图 1.6 星状网结构

星状网主要有以下三种形式：

(1) 星状单向广播网：中心站和小站之间是单向通信，中心站发送，小站接收，卫星电视广播系统就是一个典型的星状广播网。该网络结构充分利用了卫星通信的广播优势，在军事上主要用于战场态势信息的广播与分发。主站将侦察信息、情报信息、气象信息以及其他战场态势等各种信息通过卫星不断向战场广播，大大提高作战方的态势感知能力，使前方的指战员能够得到战场的全景图像。

(2) 星状信息采集网：中心站和小站之间是单向通信，小站发送，中心站接收，气象信息收集网就是典型的星状信息采集网。该网络结构充分利用了卫星通信的覆盖优势，可以将分布范围广的众多采集点的信息汇集到主站。在军事上，该网络结构主要用于气象信息的采集、位置信息回传，情报信息的回传。

(3) 双向星状网：中心站和小站之间通过卫星双向通信，小站可以接收来自主站的信息，同时也可以发送信息到主站。各小站之间不能直接通信，一定要经过主站转接。商用的许多小型地球站(VSAT)通信系统、卫星数字广播系统(DVB-RCS)就是典型的双向星状网结构。双向星状网结构在军事上主要用于战术通信系统中，通过该结构可实现小口径战术终端之间的通信；但该结构增加小站之间的通信时延，特别是对时延敏感的话音业务。

网状网结构如图 1.7 所示，此结构中，各站均可进行双向通信，它是目前军事卫星通信系统中最常见的组网应用方式。

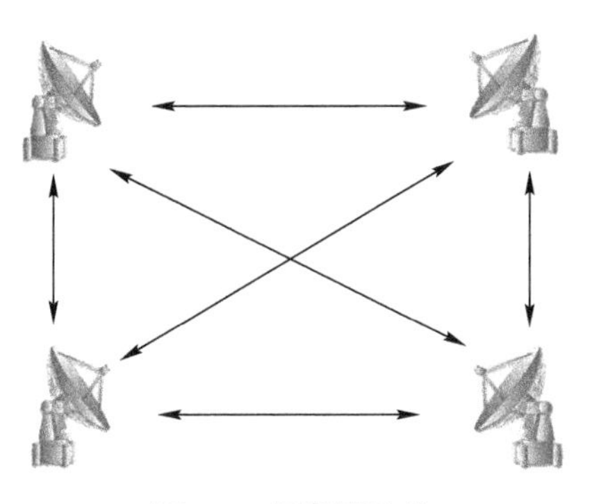

图 1.7　网状网结构

网状网结构通常有预分配和按需分配两种形式。在网状网结构中，通常有一个承担网络控制管理任务的主站(称为中心站)，它负责完成全网地球站的监控和管理；对于按需分配建立的网状网结构，中心站还承担了根据各站业务的需要为地球站分配信道的任务。从业务信息的流向来看网络是网状网，但管理信息又是以中心站为核心的星状网。采用网状网结构的好处是传播时延较小、抗毁性好。

混合网结构如图 1.8 所示，其是星状网结构与网状网结构的结合。在一个较大的系统中，根据各站型的业务关系既存在星状网结构也存在网状网结构。在实际系统中，星状网结构主要应用于数据通信，网状网结构主要应用于话音通信和综合业务。

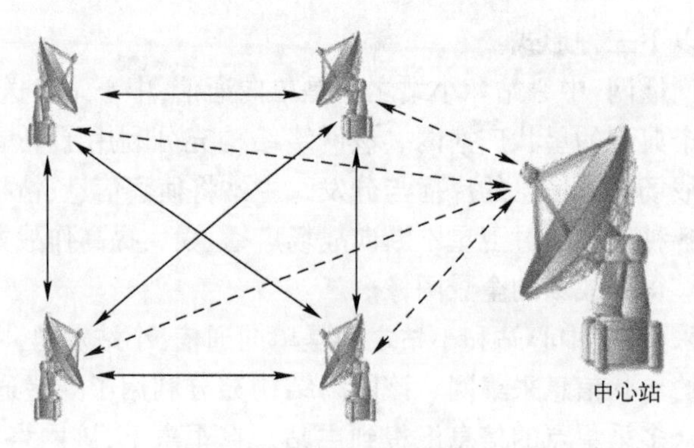

图 1.8　混合网结构

1.5　卫星通信中的频率选择

1.5.1　卫星通信频率选择原则

卫星通信中,工作频段的选择是一个十分重要的问题,它不仅直接影响整个系统的通信容量、质量、可靠性、设备的复杂程度和成本的高低,而且将影响与其他系统的协调。一般说来,卫星通信频段的选择着重考虑下列因素:

(1) 电波应能穿过电离层,传播损耗和外部附加噪声尽可能小。

(2) 应具有较宽的可用频带,尽可能增大通信容量。

(3) 合理地使用无线电频谱,防止各种通信业务之间产生干扰。

(4) 通信技术与器件的进展情况。

1.5.2　卫星通信常用频段划分与特点

由于卫星通信系统中的核心——卫星处在外层空间中,因此信号在传播过程中必然遭受大气层传播损耗,如电离层中自由电子和离子的吸收,对流层中氧分子、水蒸气分子和云、雾、雨、雪等的吸收和散射,从而形成损耗。其除与天线仰角、气候有关外,还与电波频率有很大关系。

当频率低于 0.1GHz 时,电离层中的自由电子或离子的吸收在大气损耗中起主要作用,频率越低损耗越严重;当频率高于 0.3GHz 时,其影响小到可以忽略。

在 15~35GHz 频段,水蒸气分子的吸收在大气损耗中占主要地位,并在 22.2GHz 处发生谐振吸收而出现一个峰值。

在 15GHz 以下和 35~80GHz 频段主要是氧分子吸收,并且在 60GHz 附近发生谐振吸收而出现一个较大的峰值。

雨、雾、云、雪等各种坏天气对电波的影响也比较严重,这种影响与频率基本上是成正相关的,即频率越高,损耗越大。当工作频率大于 30GHz 时,即使小雨造成的损耗也不能忽视。当频率低于 10GHz 时,应考虑中雨以上的影响。

综合各种因素,在 0.3~10GHz 频段,大气损耗最小,比较适合于电波穿过大气层传播,并且大体上可以把电波看作是自由空间传播。在 30GHz 附近有一个损耗谷,损耗也相对较小,通常把此频段称为“半透明无线电频率窗口”。

表 1.1 列出了卫星通信中的常用频段。

表 1.1 卫星通信中的常用频段

名　称	频率范围/GHz
UHF 频段	0.3~1
L 频段	1~2
S 频段	2~4
C 频段	4~8
X 频段	8~12
Ku 频段	12~18
Ka 频段	27~40

L/S 频段特点如下:

(1) 不受天气影响。

(2) 用于低速通信(速率为若干千比特每秒)。

(3) 天线的方向性不强。

(4) 通常用于卫星移动通信及卫星导航系统。

C 频段的特点如下:

(1) 雨衰较小。

(2) 卫星间隔至少为 2°,轨道上卫星比较拥挤。

(3) 与地面微波中继通信可能存在互相干扰。

(4) 一般用于民用固定通信业务。

Ku/Ka 频段的特点如下:

(1) 较大的雨衰。

(2) 天线波束宽度窄,卫星间隔小,有利于实现点波束通信。

(3) 天线增益高,有利于地球站的小型化。

对于不同的频段,随着频率越高,雨衰越大,天线的波束宽度越小,方向性越强。频段越高,可用的带宽越宽,系统容量越大,因此使用更高的频段是卫星通信的发展方向。

1.6 卫星通信的业务

1.6.1 单路话音业务

卫星通信系统提供的单路话音业务包括用户线接口话音业务与中继话音业务。话音信号在卫星信道上的传输,考虑卫星信道的频带资源和功率资源都极其宝贵,话音业务在卫星信道上传输时,在保证通信质量要求的前提下尽可能地采用较低速率的编码。在满足要求的误比特率条件下,话音质量主要取决于编码方式和编码速率。目前,在战术卫星通信系统中,话音编码的速率一般为600~2400bit/s。

1.6.2 E1中继业务

E1是数字程控交换机的话音中继接口,常用于交换机之间的连接,E1接口在数据通信、视频通信中具有广泛应用。在军事卫星通信系统中,E1中继业务接口已经成为众多地球站的标准接口,用来提供话音中继和中高速率数据业务。

在卫星通信系统中,使用E1接口有三种方法:

(1) 将整个E1用作一条链路,在卫星通信系统中,主要利用卫星信道作为专线的远距离传输方式。

(2) 将E1用作若干个64kb及其组合,如128kb、256kb等,即利用E1的传输结构但只使用其一部分传输能力,这种方式主要用于数据通信。

(3) 用作语音交换机的数字中继,这也是E1最初始的用法,把一条E1作为32个64kb来用,这是卫星通信系统中最常用的E1使用方式。

1.6.3 数据业务

随着计算机文件、电子邮件、网页浏览、图像、视频等数据通信业务在通信中所占的比例不断攀升,军事卫星通信系统越来越多地为用户提供数据业务。目前,在军事卫星通信系统中,提供的数据业务主要有异步数据业务、同步数据业务和LAN业务。

(1) 异步数据业务:其是面向端到端的低速数据业务,用于传送计算机文件、电传报、电子邮件、位置信息、指挥控制信息等。目前,军事卫星通信系统提供的异步数据业务速率一般在19.2kb/s以下,异步数据业务接口由于用户和卫星地球站之间不需要时钟连接线,接口方式最简单,最少只使用一个3芯的电缆就可以实现用户到地球站的物理连接。

(2) 同步数据业务:通常也称为广域网接口,主要用于提供地面网络或终端之间互联数据通道,同步数据业务速率一般在64kb/s以上,目前有些系统提供的最高传输速率可达622Mb/s。

① 同步业务的透明传输:地球站不对同步信息流的信息内容进行任何处理,卫星链路只是为用户提供一条透明的传输通道,因此它只适用于点到点应用方式。同步业务的透明传输方式是目前应用最广泛的方式,可以同各种多址方式结合使用。

② 同步业务的非透明传输:地球站要对同步信息流的协议进行处理获取必要的信息内容完成信道的申请、信道资源的调整、信息的缓冲、信息的传输等。卫星网不再提供简单的点到点的链路而更像一个交换网络,每个地球站不仅能够提供一点到多点的传输能力,而且可以剔除同步数据流内的空闲信息,不占用宝贵的卫星信道资源。

(3) 局域网数据业务:通常所说的LAN业务,是目前卫星通信系统使用最广泛的数据业务。在军事卫星通信系统中,用TCP/IP协议实现两端局域网的互联,特别适合于指挥所之间或地域通信网路由器之间的互联。

1.6.4 其他附加业务

(1) 传真业务:通常作为话音业务上的一种附加业务,它使用同话音业务一样的接口形式。

(2) 电子邮件业务:通常作为异步数据业务和 LAN 业务的一种附加业务,为卫星用户提供电子邮件业务。

(3) 短消息业务:在卫星通信系统中应用越来越广泛,用于传送短突发报文,主要用于指令、确认、位置、救生等。

(4) 位置信息业务:主要用于各地球站向中央站或网管中心报告位置信息,一般作为网管信息或短信息业务的附加业务。

1.6.5 业务的引接

目前,大多数卫星地球站提供了异步数据、同步数据、LAN 业务,但是其提供的物理接口仅限于几百米的范围内甚至距离更近。在战场上,出于安全的考虑,指挥所和通信设备相距一般在几千米,因此卫星通信系统提供的各种业务如何连接到用户需要引接设备。即使具有长距离传输能力的话音业务,当指挥所需要多路话音时,多路电缆在使用中也会造成不便,无法发挥卫星通信网络的作战效能。

引接设备是将地球站提供的各种业务连接到远距离用户的一种设备,图 1.9 给出了引接设备的工作原理。连接用户与地球站的远距离传输方式有野战被覆线和光缆。在用户端,引接设备通过数字变换和复接,将多路话音、异步数据、同步数据和 LAN 业务复接到一个高速的传输线路上;在卫星网端,将复接在高速传输线路上的各种业务连接到各信道单元相应的接口上。

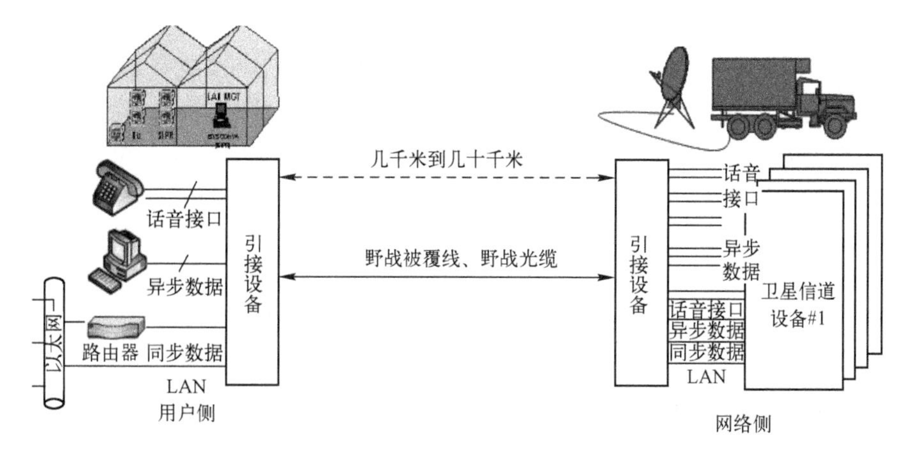

图 1.9 引接设备工作原理

1.7　卫星通信的发展概况及典型军事卫星通信系统

1.7.1　卫星通信发展概况

1945年10月英国空军雷达专家Clarke提出了利用人造卫星进行通信的科学设想：在赤道轨道上空，高度为35786km处放置1颗卫星，以与地球同样的角速度绕太阳同步旋转，就可实现洲际间通信。若在该轨道放置3颗这样的卫星，就可以实现全球通信。

1957年10月，苏联发射了第一颗人造地球卫星SPUTNIK，揭开了卫星通信的序幕。1964年8月美国宇航局成功发射了第一颗同步卫星SYNCOM-3，成功地进行了北美与太平洋地区间的电话、电视、传真的传输实验，并于当年转播了东京奥运会。1965年国际通信卫星组织成立，并于1965年4月发射第一颗商用静止轨道通信卫星INTELSAT-I，开始进行商业通信业务。

概括起来，卫星通信可分为以下四个发展阶段：

(1) 国际卫星通信：20世纪60年代中期至70年代中期，卫星通信位于国际通信领域最重要的地位。在这期间，许多国际卫星组织相继出现，并建立了多种国际卫星通信系统，为国际通信和电视传输增添了新的一页。

(2) 国内卫星通信：20世纪70年代中期至80年代中期，是国内卫星通信领域发展的鼎盛时期。在这期间，许多国家都相继建立了自己的国内卫星通信系统，特别是对于一些幅员辽阔、自然条件、地理条件恶劣的国家和地区，卫星通信是其唯一的选择。

(3) VSAT系统的应用：20世纪80年代初至90年代初，卫星通信迎来了一场革命性的变革，即VSAT系统的出现和推广，VSAT的诞生为卫星通信的应用开拓了更加广泛的市场。

(4) 个人移动通信与高速卫星通信：随着地面移动通信的飞速发展，人们对个人通信提出了更高的要求，而要真正实现任何时间、任何地点的通信，就需要有无缝隙的通信网。只有卫星通信技术，才能真正实现这一要求。近年来，天地一体化组网概念逐渐成为热点就是基于这一需求。虽然光纤通信的成熟发展，海底光缆的大量铺设取代了原来由卫星通信承担的洲际通信，但是卫星高速通信在广域覆盖和支持移动性方面的优势使其在地面通信设施没有覆盖的人迹罕至地区与海洋、天空等移动环境中具有广阔的应用前景。

到目前为止，人类发射的各类卫星已达数千颗，它们有各自不同的用途、运行轨道、外形与结构。

1.7.2　典型军事卫星通信系统

美国作为军事强国，在军事卫星通信系统规划、建设以及相关技术研究等方面始终处于领先地位，代表了军事卫星通信发展的最新趋势和最高水平。美军卫星通信系统由窄带通信系统、宽带通信系统和抗干扰通信系统组成，可满足不同作战条件下各种战略战术用户的需求。窄带卫星通信系统主要使用 UHF 频段，由之前的 UFO 系统到现在主用的移动用户目标系统(MUOS)组成，该系统是美国海军和空军使用的主要系统。宽带卫星通信系统主要使用 X 频段和 Ka 频段，目前主用的是宽带全球卫星(WGS)系统。抗干扰卫星通信系统用于完成干扰条件下战略战术通信任务，目前主用的是 AEHF 系统。下面着重介绍美军军事卫星通信系统。

1. 窄带军事卫星通信系统

窄带卫星通信系统主要用于满足大地域范围内指挥控制、武器平台的“动中通”需求，系统具有地球站天线口径小、移动速度快、传输速率低的特点。随着信息化战场对移动通信需求的不断增强，单兵手持地球站以及通信终端同各种武器平台的集成成为窄带卫星移动通信系统的一个重要发展方向。

美军目前主用的新一代窄带卫星通信系统是 MUOS，仍然采用了适合于战术通信的 UHF 频段，它将为美军和盟军提供 64kb/s 以下的话音、视频和数据传输业务。星上采用口径为 12.5m 的大型可展开天线，每颗星使用 16 个点波束提供对地视区覆盖。该系统中，波束覆盖范围较大，每个 MUOS 波束相当于地面网络的一个蜂窝小区。该系统采用第三代移动通信中的宽带码分多址(WCDMA)技术为用户提供多种服务，包括话音、数据和视频等。大量的小型化终端将被应用在各种作战平台上，如战舰、潜艇、飞机、坦克、装甲车等。

2. 宽带军事卫星通信系统

宽带机动卫星通信系统主要用于为战场提供大容量的通信链路，作为前方机动通信网与后方固定通信网互联、地面网链路的备份、地域通信网节点间超视距连接、海军岸舰通信等主要手段。系统以固定站和机动站为主，兼顾某些大型移动平台，具有天线口径大、传输速率高的特点。

美军宽带卫星通信系统目前主用的是 WGS 系统，它是美军继 DSCS III、DSCS SLEP 后最新一代的宽带通信卫星，单颗卫星就达到了 DSCS III 整个星座的通信能力。WGS 卫星保留了 X 频段载荷，用于继续支持目前使用 DSCS 卫星转发器的地面设备，增加了全球广播业务(GBS)载荷，该载荷同搭载在 UFO 卫星上的 GBS 载荷兼容。重要的是在 WGS 卫星上增加双向的 Ka 频段有效载荷，用于为战术用户和平台提供高速数据传输能力。WGS 卫星共使用 19 个波束来提供对地面的覆盖，其中，Ka 频段 10 个波束，X 频段 9 个波束。

3. 抗干扰军事卫星通信系统

抗干扰能力是军事通信系统的特色需求，卫星通信在战场通信中的作用越来越重要，在现代战争中必然成为敌方攻击的目标，电子干扰是目前攻击卫星通信的主要手段。通信卫星暴露于空中，其轨道位置、工作频率、卫星的 G/T 值、EIRP 甚至波束覆盖等参数都很易于被敌方获得，这对抗干扰卫星通信系统的设计提出了挑战。抗干扰卫星通信系统就是要在战场复杂电磁环境下保障战略战术核心任务的不间断通信需求。

1982 年，美国国防部开始研制三军通用的“战略、战术和数据中继卫星”，简称“军事星(Milstar)”卫星，其目的是建立一个能在核战争条件下生存并具有抗干扰能力、可靠性高的战略与战术卫星通信系统。冷战结束后，美军对 Milstar 的任务和能力做了进一步的调整，增加了中数据速率(MDR)抗干扰载荷。新一代抗干扰卫星(AEHF)对抗干扰通信能力做了进一步提升,从 Milstar Ⅱ 的 1.544Mb/s 提高到 8Mb/s。

Milstar 卫星具有以下特点:

(1) 采用 EHF 频段,能用较小尺寸的天线阵获得高方向性的传输,增加了敌方截获信号的困难,EHF 频段具有抗核辐射能力。

(2) 采用宽频段跳频技术,上行链路在 2GHz 带宽上可进行全频段快速跳频,下行链路采用 TDM 加快速跳频。

(3) 采用波束自适应调零天线技术,它在检测到敌方干扰后,能通过幅相控制迅速将天线方向图的零点指向敌方干扰机。

(4) 星上处理、星上交换、星间链路和卫星自主控制能力。

表 1.2 列出了 Milstar Ⅰ、Milstar Ⅱ 和 AEHF 的主要技术特点。

表 1.2 美军抗干扰系统的技术特点

	Milstar Ⅰ	Milstar Ⅱ	AEHF
波束形式	点波束 跳波束	点波束 调零波束 跳波束	点波束 调零波束 跳波束
工作频段/GHz	上行:43.5~45.5 下行:20.2~21.7	上行:43.5~45.5 下行:20.2~21.7	上行:43.5~45.5 下行:20.2~21.7
上行体制	FDMA/TDMA/FH 跳速>16000 跳/秒 跳频带宽:2GHz	FDMA/TDMA/FH 跳速>16000 跳/秒 跳频带宽:2GHz	FDMA/TDMA/FH 跳速>16000 跳/秒 跳频带宽:2GHz
下行体制	TDM/FH 跳速:大于 1 万跳秒 跳频带宽:1.5GHz	TDM/FH 跳速:大于 1 万跳秒 跳频带宽:1.5GHz	TDM/FH 跳速:大于 1 万跳秒 跳频带宽:1.5GHz
业务速率/(kb/s)	0.075~2.4	LDR:0.075~2.4 MDR:4.8~1544	LDR:0.075~2.4 MDR:4.8~8000
信道数	192	LDR:192 MDR:32	未知

4. 全球广播业务

从 1995 年开始,美军从商用直播卫星业务(Direct Broadcasting Satellite Service,DBS)的成功和优势上,看出了卫星数据广播系统巨大的军事应用价值,并在演习中利用商用 DBS 系统进行了广泛的试验,验证了利用 DBS 系统向战场提供宽带数据和视频信息的分发能力。全球广播系统提供了一种通过高速数据广播向分散在战场各个角落的士兵进行数据分发的手段,士兵可以通过成本低廉的小口径终端直接接收这些广播信息,通过 GBS 系统大大增强了美军对战场态势感知能力。GBS 系统广播的数据包括图像、后勤信息、气象数据、作战地图、作战指令和视频。GBS 系统被用来分发实时联合监视和目标攻击雷达系统图像、活动目标指示数据、合成孔径雷达数据、无人驾驶飞行器图像和监测数据、情报和辅助图像。在演习中 GBS 所提供的宽带数据能力,能够使用户接收多方位数据,实时显示作战图形。

GBS 系统由空间段、主注入站(PIP)、战术注入站(TIP)、广播管理设备,以及各种固定、机动和移动接收地球站组成。图 1.10 给出了 GBS 系统组成。

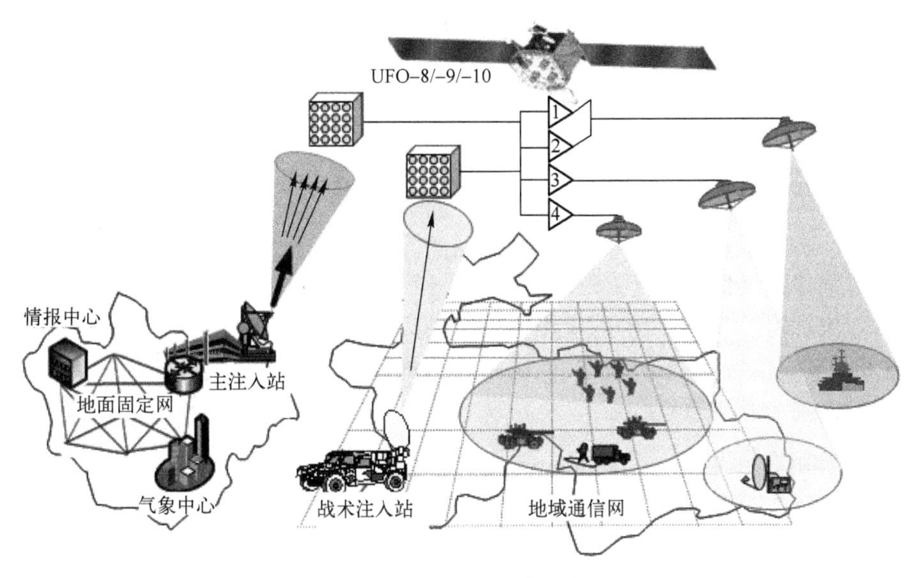

图 1.10 GBS 系统组成

GBS 主注入站是大型固定站,工作在 30GHz,在每个具有 GBS 能力的卫星覆盖范围内都有一个 PIP 地球站,PIP 站位于美国本土或其海外军事基地。PIP 每个上行载波速率为 23.5Mb/s,可提供最大约 4 ×23.5Mb/s 的多媒体数据广播能力。PIP 可以发送多种视频和数据通道的组合,每条载波上的组合速率不超过 23.5Mb/s。主注入站同地面固定网互联,接收来自各种信息源的信息。战术注入站(TIP)采用机动站型,既可以在陆地,也可以在空中。它能够向 GBS 有效载荷注入广播信息,发送 T1 或 6Mb/s 的多媒体数据;同时,在战场配置一个广播管理器来负责 TIP 的数据分发。在美军的作战使用中,还要求 TIP 具有使用商用转发器的能力。TIP 初期具备上行发送 6Mb/s 数据的能力,未来具备发送 24Mb/s 数据的能力。

卫星广播管理(SBM)负责从国家情报网络和战场接收、协调、打包信息,采用广播、智能推送和按请求发送的方式向指定的地域广播信息。广播管理是整个 GBS 系统的智能控制中心,承担了高效使用 GBS 的任务,提供标准的用户接口和协议,完成接收信息的过滤、优先级的协调,将信息流发送到合适的注入站通过卫星广播。广播管理的目标是最佳利用星上资源、天线覆盖调整和转发器配置等,能够在不同优先级、不同业务(数据、视频、音频)、不同加密等级的各种用户间共享和动态分配广播带宽,并且调整过程不会造成广播中断,SBM 提供资源分配的自动化工具,协助计划人员高效地利用 GBS 的资源。

GBS 接收设备通常包括一个 GBS 接收终端、解密设备和广播接收管理设备,GBS 接收终端由一个小口径天线和接收机组成,接收机负责将天线接收下来的 GBS 射频信息转换为视频流以及其他同地面网接口的标准格式。

GBS 系统采用标准的 IP 协议实现数据的分发。向战场用户提供适当的信息是 GBS 系统中一个复杂问题:首先信息分发必须建立在对作战方式充分理解的基础上,像商用 DBS 系统必须基于用户对电视节目及网上浏览需求做广泛调查的基础之上一样;其次,必须对信息的使用方式进行充分了解,什么信息需要频繁地更新,什么信息不需要,对信息分发方式的研究是 GBS 系统中研究的一个重要方面。大量的信息并不意味着信息的支配权，不加选择地利用信道容量意味着信息淹没士兵，甚至会影响到前方的决策时间和效率。

1.8 本章小结

卫星通信作为现代战争重要的信息传输手段，具有独特的优势，具有其他通信手段不可替代的地位，其在军事通信中的应用也越来越广泛。本章从军事卫星通信基本概念入手，阐述了卫星通信特点、系统组成、网络拓扑结构、频率选择与业务，最后介绍了军事卫星通信典型系统与发展趋势。

习　题

1. 简述卫星通信的概念。
2. 卫星通信的优点与缺点是什么？
3. 简述卫星通信系统的组成及各部分功能。
4. 简述地球站的组成与各部分功能。
5. 描述卫星通信系统的网络结构与适用场合。
6. 简述卫星通信中常用频段的特点。
7. 卫星通信可以支持哪几种业务？
8. 卫星到地球站的距离为40000km，该地球站发出的信号经卫星转发，又被该站接收到，从发出至返回时延为多少？

第2章　轨道与空间段

在卫星通信系统中通信卫星是最重要的组成部分之一,它作为中继站为系统内的各地球站接收转发信号,因此,通信卫星技术与卫星信道的建立和使用有着密切关系,对系统性能具有决定性的影响。本章重点介绍通信卫星运动的轨道及主要参数、分类,通信卫星的组成及工作原理和卫星星座等知识点。

2.1　开普勒三定律

围绕地球旋转的卫星(或航天器)遵循着与行星绕太阳运动相同的定律,即开普勒三定律。开普勒三定律揭示了卫星受重力吸引而在轨道平面上运动的规律性,能普遍地适用于宇宙中通过重力相互作用的任意两个物体。

2.1.1　开普勒第一定律

开普勒第一定律:卫星沿着以地心为一焦点的椭圆轨道运动,也称为椭圆律。

该定律说明了卫星围绕地球运动的路线是一个椭圆。一个椭圆有两个焦点,如图2.1中所示的 F_1 和 F_2。由于地球和卫星质量之间的巨大差别,质量中心是与地球中心重合的,也即质心始终在其中一个焦点上。

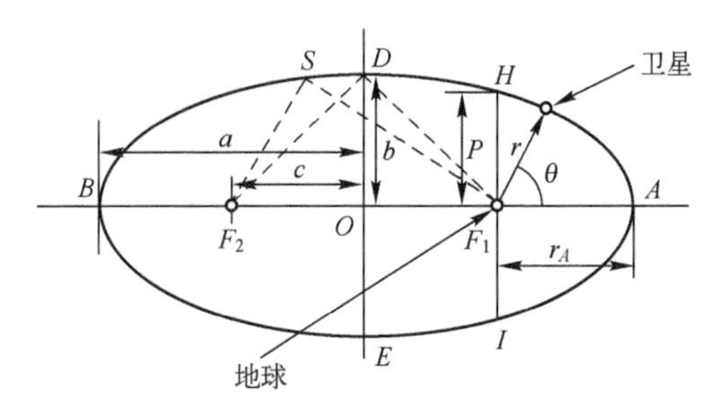

图2.1　地球卫星的椭圆轨道

椭圆的半长轴以 a 来表示,半短轴以 b 表示。偏心率表示为

$$e=\frac{\sqrt{a^2-b^2}}{a} \tag{2.1}$$

轨道的平面极坐标表达式为

$$r=\frac{P}{1+e\cos\theta}=r(\theta) \tag{2.2}$$

式中:P 为半焦弦 FH 的长度,它们均由卫星入轨时的初始状态所决定。作为地球卫星,应满足 $0\leqslant e<1$,这时轨道一般为椭圆形(仅当 $e=0$ 时为圆形),如图 2.1 所示。点 A 是离地球最近的点,称为近地点。点 B 是离地球最远的点,称为远地点。离地面的高度 h_A、h_B 以及地球半径 R_E 是已知的,因此椭圆轨道的主要几何参数(半长轴 a、半短轴 b、半焦距、半焦弦、偏心率、地心到近地点和远地点的距离 $r_{\min}$ 和 $r_{\max}$)之间的关系为

$$r_{\min}=h_A+R_E=a(1-e)=\frac{P}{1+e} \tag{2.3}$$

$$r_{\max}=h_B+R_E=a(1+e)=\frac{P}{1-e} \tag{2.4}$$

$$a=\frac{r_{\min}+r_{\max}}{2}=\frac{h_A+h_B}{2}+R_E=\frac{P}{1-e^2} \tag{2.5}$$

$$b=\sqrt{a^2-e^2a^2}=a\sqrt{1-e^2}=\sqrt{r_{\min}r_{\max}}=\frac{P}{\sqrt{1-e^2}} \tag{2.6}$$

$$c=ae=\frac{r_{\max}-r_{\min}}{2}=\frac{h_B-h_A}{2}=\frac{eP}{1-e^2} \tag{2.7}$$

$$e=\frac{c}{a}=\frac{r_{\max}-r_{\min}}{r_{\max}+r_{\min}}=\frac{h_B-h_A}{h_A+h_B+2R_{\mathrm{E}}} \tag{2.8}$$

$$P=a(1-e^2)=\frac{2r_{\max}r_{\min}}{r_{\max}+r_{\min}} \tag{2.9}$$

2.1.2 开普勒第二定律

开普勒第二定律:对于相同的时间间隔,卫星在其以质心为焦点的轨道面内扫过相同的面积,也称为面积律。

如图 2.2 所示,假设卫星在 1s 内的运行距离为 S_1 和 S_2,由开普勒第二定律可知,面积

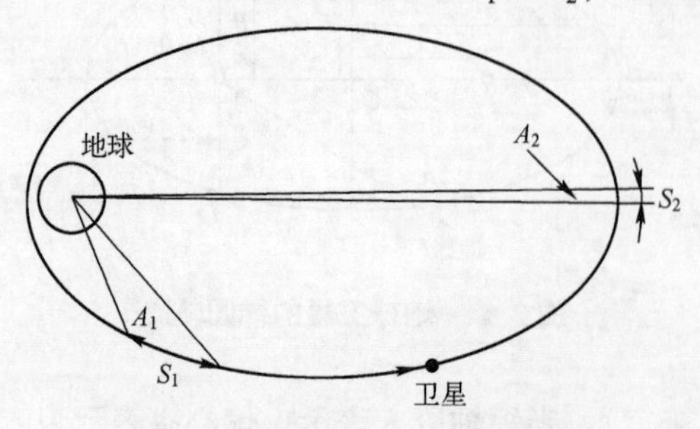

图 2.2 开普勒第二定律示意图

A_1和A_2是相同的，不难得出，$S_2<S_1$，而平均速度即S_1m/s 和S_2m/s，所以可以得到在S_2上的速度是小于S_1上的速度。因此，得到的一个重要结论是：卫星离地球越远，穿越给定距离所需的时间越长。

由机械能守恒原理还可以推导出卫星在轨道上任意位置的瞬时速度为

$$v(r)=\sqrt{\mu\left(\frac{2}{r}-\frac{1}{a}\right)} \tag{2.10}$$

式中：μ 为开普勒常数；$\mu=398601.58\text{km}^3/\text{s}^2$。

2.1.3 开普勒第三定律

开普勒第三定律：卫星运转的周期 T 与轨道的半长轴 a 的 3/2 次方程正比，也称周期律，即

$$\begin{aligned} T&=\frac{2\pi}{\sqrt{\mu}}a^{3/2} \\ &=9.95185\times10^{-3}a^{3/2}(\text{s}) \\ &=1.65864\times10^{-4}a^{3/2}(\text{min}) \\ &=2.7644\times10^{-6}a^{3/2}(\text{h}) \end{aligned} \tag{2.11}$$

开普勒第三定律的重要性是，它揭示了在周期和速率之间存在一个固定的关系。根据开普勒第三定律可以确定对地静止轨道的轨道高度。

例 2.1　我国第一颗人造地球卫星的近地点距地面 439km，远地点为距地面 2384km，求轨道周期 T，以及近地点和远地点的瞬时速度。已知地球半径为 6378km。

解：

$$e=\frac{h_B-h_A}{h_A+h_B+2R_E}=\frac{2384-439}{439+2384+2\times6378}=0.125$$

$$P=\frac{2r_{max}r_{min}}{r_{max}+r_{min}}=\frac{2(2384+6378)(439+6378)}{2348+439+2\times6378}=7668(\text{km})$$

$$a=\frac{P}{1-e^2}=\frac{7668}{1-0.125^2}(\text{km})$$

$$T=\frac{2\pi}{\sqrt{\mu}}a^{3/2}=1.65864\times10^{-4}\times\left(\frac{7668}{1-0.125^2}\right)^{\frac{3}{2}}=114(\text{min})$$

$$v(r_{max})=\sqrt{\mu\left(\frac{2}{r_{max}}-\frac{1}{a}\right)}=\sqrt{398601.58\left(\frac{2}{2384+6378}-\frac{1-0.125^2}{7668}\right)}=6.31(\text{km/s})$$

$$v(r_{min})=\sqrt{\mu\left(\frac{2}{r_{min}}-\frac{1}{a}\right)}=\sqrt{398601.58\left(\frac{2}{439+6378}-\frac{1-0.125^2}{7668}\right)}=8.11(\text{km/s})$$

例 2.2　已知对地静止卫星的周期为 23h56min4.09054s，求卫星离地面的高度和瞬时速度。

解:由于静止卫星是匀速飞行的,因此其轨道必是圆形,$a=r$。

$$a=\left(\frac{T}{2.7644\times10^{-6}}\right)^{2/3}=\left(\frac{23.93447}{2.7644\times10^{-6}}\right)^{2/3}=42164.6(\mathrm{km})$$

$$h_{\mathrm{E}}=a-R_{\mathrm{E}}=42164.6-6378=35786.6(\mathrm{km})$$

$$v=\sqrt{\mu\left(\frac{2}{r}-\frac{1}{a}\right)}=\sqrt{\mu\left(\frac{2}{a}-\frac{1}{a}\right)}=\sqrt{398601.58\times\frac{1}{42164.66}}\approx3.07(\mathrm{km/s})$$

开普勒三定律只给出了卫星在其轨道平面内运动的轨迹参数、速度和周期,并不能确定出卫星轨道在空间的具体位置。下面介绍卫星在空间中的其他位置参数。

2.1.4 描述轨道的术语和方法

1. 相关术语

由于卫星绕地球旋转,地球绕太阳旋转,同时地球还有自转,因此描述卫星在空间上的运动是比较复杂的,必须在一定的空间坐标和时间参考上进行。下面对相关术语作简单描述。

(1) 黄道面:地球围绕太阳公转所在的平面。由于其他行星等天体的引力对地球的影响,黄道面的空间位置有持续的不规则变化,但其总是通过太阳中心。

(2) 春分点:当太阳从南向北越过赤道上的那一点时,就是春分点,是赤道平面和黄道平面的两个相交点之一。

(3) 升交点:卫星由南向北穿过赤道平面的点。

(4) 降交点:卫星由北向南穿过赤道平面的点。

(5) 交点线:升交点和降交点之间穿越地心的连线。

(6) 右旋升交点赤经 Ω:赤道平面内从春分点到轨道面交点线间的角度(按地球自转方向度量)。

(7) 拱点线:轨道近地点到远地点之间的连线。

(8) 轨道倾角 i:轨道平面与赤道平面的夹角 $0°\leqslant i\leqslant180°$。

(9) 近地点幅角 ω:从升交点到近地点的夹角,沿卫星运动方向在轨道平面上的地心处进行测量。

(10) 平均近点角 M:假设卫星经过近地点的时刻是 t_{p},观测时刻为 t,平均近点角就是卫星在 $t-t_{\mathrm{p}}$ 时间段内离开近地点的平均角。对于圆形轨道,假设轨道周期为 T,则有 $M=(2\pi/T)(t-t_{\mathrm{p}})$ (rad)。

(11) 真近点角 ν:从地心测量的从近地点到卫星的夹角。

(12) 星下点:卫星与地心连线同地球表面的交点。

2. 地心惯性坐标系和轨道六要素

在描述天体运动时,根据不同的需要可以采用不同的坐标系,描述卫星经常使用的是地心惯性坐标系(ECI)。地心惯性坐标系的原点是地球质心,xy 基准平面为地球的赤道平面,x 轴定义为指向春分点方向,y 轴的正向指向春分的正东方,z 轴指向北极,如图 2.3 所示。地心惯性坐标系是研究地球卫星运动规律的最常用的坐标系之一,可以使用地心惯性坐标系描述在任意时刻卫星在空间中的位置。

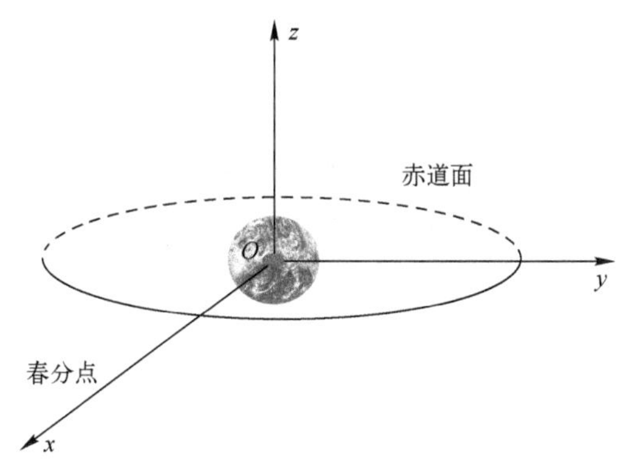

图 2.3　地心惯性坐标系

卫星在空间的位置由半长轴 a、偏心率 e、倾角 i、右旋升交点赤经 Ω、近地点幅角 ω、平均近点角 M 六个参数定义，这也是常说的卫星轨道六要素。其中：半长轴 a、偏心率 e 决定了卫星运行的轨道形状；倾角 i 和右旋升交点赤经 Ω 确定了卫星轨道平面与地球之间的相对定向；近地点幅角 ω 表示开普勒椭圆在轨道平面上的运动方向；平均近点角 M 为时间的函数，确定任何时刻卫星在轨道上的瞬时位置。

3. 恒星时、恒星日与太阳日

恒星时是相对于恒星测得的时间。恒星日是以恒星作为参考，地球自转一圈所用的时间。太阳日是以太阳作为参考地球自转一圈所用的时间。显然，由于参考点的不同，得出地球自转一圈(一天)所用的时间是不一样的。这主要是由于地球在自转的同时，还要绕太阳公转，这样在以太阳为参考时，地球自转一圈就超过了 360°。具体就是，地球相对于恒星自转时，比相对于太阳自转少了 0.9856°，如图 2.4 所示。一个恒星日长度比一个太阳日长度小。一个太阳日是 24h，或 86400s；一个恒星日为 23h56min4s 或 86164s。对地静止卫星的运行周期是一个恒星日。

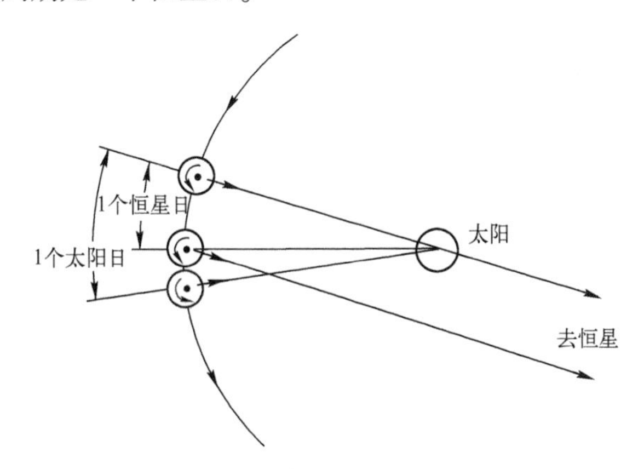

图 2.4　恒星日和太阳日

2.2　卫星轨道分类及常用卫星轨道

理论上可以通过各种轨道参数的组合得到无数个卫星轨道，但在实际中通信、遥感以及科学研究等最常用的卫星应用领域所涉及的卫星轨道却有限。

2.2.1　轨道分类

1. 范·阿伦辐射带

范·阿伦辐射带是指地球附近的近层宇宙空间中包围着地球的高能粒子辐射带，主要由地磁场中捕获的高达几兆电子伏的电子以及高达几百兆电子伏的质子组成。范·阿伦辐射带分为内外两层，内外层之间存在范·阿伦带缝，范·阿伦辐射带内的高能粒子对载人空间飞行器、卫星等都有一定危害，其内外带之间的缝隙则是辐射较少的安全地带。内层辐射带由质子和电子的混合物组成，带电粒子的浓度约在3700km高度达到峰值；外层辐射带主要由电子组成，带电粒子的浓度约在18500km高度达到峰值。带电粒子对卫星表现为强电磁辐射，其中的α粒子、质子和高能粒子穿透能力极强，会损坏卫星中一些精密器件、引起卫星电子电路芯片的逻辑翻转及降低卫星太阳能阵列的发电效率。

范·阿伦辐射带的存在，使得卫星要避开分别以3700km和18500km为中心的两个辐射带。因此，按照卫星轨道高度划分时，通常把卫星分为三类（图2.5）：低轨道（LEO）卫星，轨道高度$H \leqslant 1500$km；中轨道（MEO）卫星，$5000\text{km} \leqslant H \leqslant 15000$km；高轨道（HEO）卫星，$H \geqslant 20000$km。

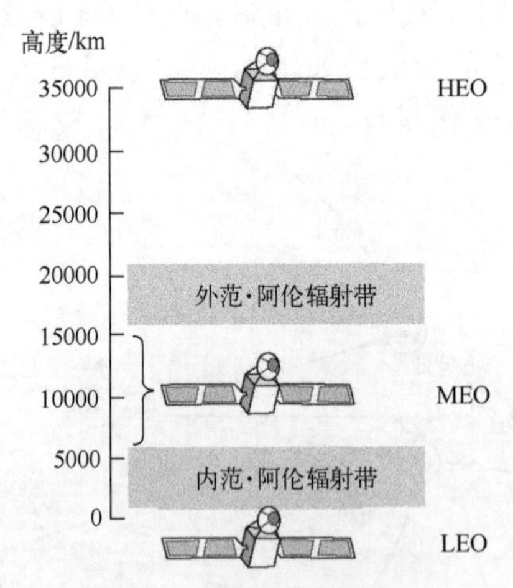

图2.5　卫星轨道高度窗口

需要说明的是，在选择卫星轨道高度时除考虑范·阿伦辐射带以外，还要考虑空间碎片带，这个区域是航天器在达到其寿命后被弃置的区域，它将给未来的卫星系统，尤其是卫星星座和航天任务带来严重影响，正逐步受到国际社会的关注。

2. 卫星轨道分类

卫星轨道除了按照轨道高度进行分类,还可以根据倾角、运转周期、与地球之间的相对位置和形状对轨道进行分类。因为轨道类型之间一般会有混合交叉,所以分类只是对卫星轨道观察的角度不同。

1) 按倾角的大小分类

① 赤道轨道:$i=0°$,轨道面与赤道面重合。

② 极轨道:$i=90°$,轨道面穿过地球南北两极,即与赤道面垂直。

③ 倾斜轨道:顺行轨道,$0°<i<90°$,卫星运动与地球自转方向相一致的轨道;逆行轨道,$90°<i<180°$,卫星运动与地球自转方向相反的轨道。

2) 按卫星的运转周期分类

① 同步轨道:运转周期 $T=24$ 恒星时,故轨道的长半轴 $a=42164.6\text{km}$。

② 准同步轨道:$T=24/N$ 或 $24N$ 恒星时($N=2,3,\cdots$)。

③ 非同步轨道:$T\neq24$ 或 $24/N$、$24N$ 恒星时。

3) 按卫星同地球表面之间的相对位置的关系分类

① 对地静止轨道:相对于地球表面任一点,卫星位置保持固定不变,其轨道称为对地静止轨道。

② 对地非静止轨道:相对于地球表面任一点,卫星位置不断地变化。

4) 按卫星轨道的形状分类

① 圆轨道:卫星的运行轨迹为圆形,轨道的偏心率 $e=0$,地球位于圆形轨道的圆心。

② 椭圆轨道:卫星的运行轨迹为椭圆形,轨道的偏心率 $0<e<1$,地球位于该椭圆的一个焦点上。

2.2.2 常用卫星轨道

2.2.2.1 对地静止轨道

1. 地球同步轨道

当卫星轨道周期与地球自转周期相等,且该轨道上的卫星以与地球自转速度相同的速度绕地球旋转,这样的轨道称为地球同步轨道(Earth Orbit)。例 2.2 中已经计算出,该轨道高度为 35786.6km。如果轨道倾角不为 0°,那么卫星的星下点轨迹是以赤道为中心的 8 字形,随着轨道倾角不同,8 字形的大小也不同,当倾角变小时,8 字形状变小。

2. 对地静止轨道

当地球同步轨道的倾角为 0°时,星下点轨迹就简化为 1 个点,卫星就会在赤道上空的一个点上保持静止,从地球上看去,卫星好像固定在天空,这种轨道称为对地静止轨道(GEO)。可见,使一条轨道成为对地静止需要满足三个条件:

(1) 卫星必须以与地球相同的旋转速度自西向东运动。

(2) 轨道必须是圆形的。

(3) 轨道的倾角必须为 0°,这也意味着轨道是在地球的赤道面内。

对地静止轨道具有非常多的优良性能，是卫星通信最常用的轨道类型之一。其主要优点如下：

(1) 单颗卫星可连续覆盖地球表面约 1/3(理论计算可达 42.2%)，实现全球覆盖和区域覆盖所需卫星数较少，通信连续，不必频繁更换卫星。

(2) 卫星到地球站的距离基本固定，因此信道传播条件较好，多普勒频移和多径时延小，便于系统设计并简化技术复杂度。

(3) 天线易于对准卫星，地面系统不需复杂的跟踪设备，星座和网络控制简单。

(4) 由于具有广域覆盖特性，非常便于卫星电视广播，单颗卫星的通信容量可以做得很大。

位置相对地球静止和高轨道的特点给对地静止卫星带来优良性能的同时，也带了一些缺点：

(1) 发射及在轨监测技术复杂。

(2) 传输路径长，导致较大的传输损耗与传输时延。

(3) 纬度 75°以上的两极地区对卫星不可见，且高纬度地区是低仰角覆盖(<10°)。显然，这种轨道对于位于高纬度地区的俄罗斯等国家是不合适的，因此必须寻找其他轨道形式对其进行补充。

(4) 由于对地静止轨道只有一条，是稀缺资源，轨道资源有限，系统间相互干扰严重，特别是在 C 和 Ku 频段。

(5) 卫星位置固定，抗干扰、抗摧毁能力差，战时易受敌方干扰。

(6) 有星蚀与日凌中断现象。

设计和建立一条卫星通信线路，应弄清地球站与卫星之间的几何参数，如站到星的距离、站对准卫星时其天线指向的方位角和仰角等，以便进一步求出传输时延和传输损耗。下面介绍对地静止卫星的相关参数。

1) 对准静止卫星时，地球站天线主波束的方位角和仰角

卫星在某一点的仰角是该点至卫星的连线与该点指向卫星星下点方向水平线的夹角，如图 2.6 所示。

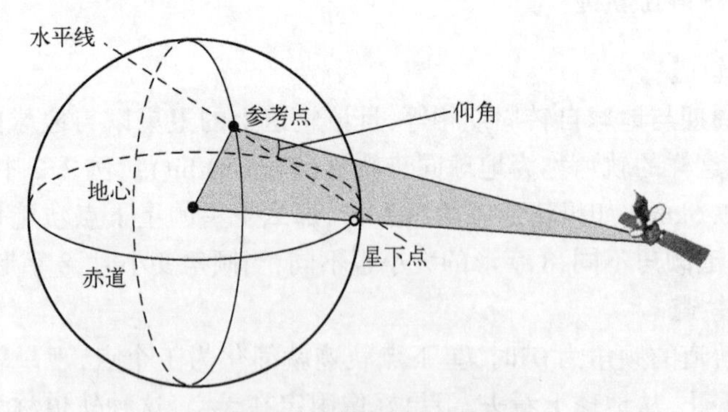

图 2.6　地球站对星仰角

卫星在某点的方位角是该点处指向正南方向的水平线与指向卫星星下点方向水平线的夹角，如图 2.7 所示。

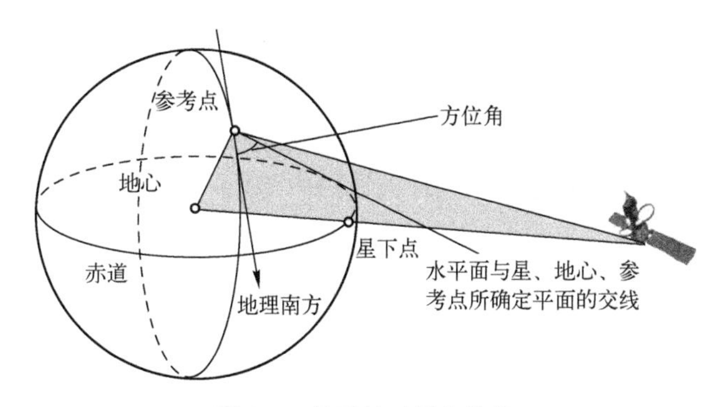

图 2.7 地球站对星方位角

当地球站天线对准卫星时,已知地球站的经、纬度为 ϕ_1 和 θ_1,静止卫星的星下点的经、纬度为 ϕ_2 和 θ_2,经度差 $\phi=\phi_2-\phi_1$,则可求得地球站的仰角、方位角分别为

$$\phi_e = \arctan\left[\frac{\cos\theta_1\cos\phi-0.151}{\sqrt{1-(\cos\theta_1\cos\phi)^2}}\right] \tag{2.12}$$

$$\phi_a = \arctan\left(\frac{\arctan\phi}{\sin\theta_1}\right) \tag{2.13}$$

2) 卫星信道的传输时延及其影响

(1) 单跳概念及其传输时延。

单跳是指任意端到端的连接仅通过卫星中继一次。图 2.8 示出了一条单跳的卫星通信线路。

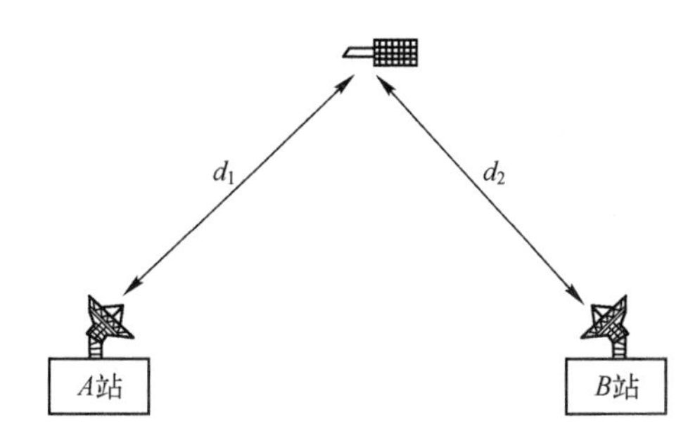

图 2.8 一条单跳卫星通信线路的空间传输路径

假设上、下行空间传输路径的距离 d_1 和 d_2。因此,由 A 站经卫星到 B 站的单程传输时延为

$$\tau_1 = \frac{d_1+d_2}{c} \tag{2.14}$$

式中:c 为光速,$c=3\times10^8$ m/s。

在信息传到 B 站后,又从 B 站经卫星回到 A 站的往返时延则为式(2.14)计算结果的 2 倍,即

$$\tau_2 = 2\tau_1 \tag{2.15}$$

当卫星为对地静止卫星时,d_1 和 d_2 的最小值为 35786.6km 时,最大值为 41679.4km,一般估取 $d_1 \approx d_2 \approx 40000$km。通常把任意两站经静止卫星单跳时延和往返时延近似地认

为 $\tau_1=0.27\text{s}$ 和 $\tau_2=0.54\text{s}$。

(2) 双跳概念及其传输时延。

双跳是指端到端的连接会通过相同或不同的卫星中继两次。图 2.9 是一种常用的双跳卫星线路,其单程传输时延和往返时延分别为单跳线路的 2 倍。

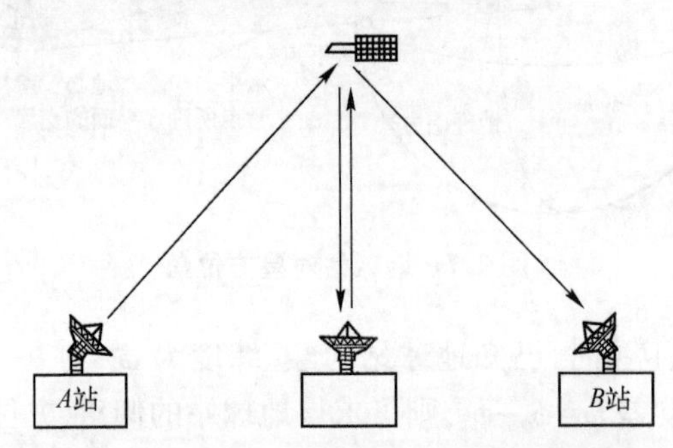

图 2.9　一条双跳卫星通信线路的空间传输路径

传输时延大是对地静止卫星通信的一个缺点。在电话线路中,大的传输时延,一方面使双方通话重叠容易发生而感到有些不习惯;另一方面会出现较严重的回波干扰,在长时延的卫星通信线路中,送话者就会被自己发出话音的回波所干扰。为了克服回波干扰,必须在每路电话基带线路中接入回波抑制器或者回波抵消器,它们能够保证话音信号正常传输的条件下,使回波得到足够的削弱。

3) 星蚀

赤道面相对黄道面倾斜 23.4°,使得卫星在一年中大部分的时间内能完全看到太阳,如图 2.10 中位置 A 所示。当地球赤道面与地球围绕太阳旋转的平面(黄道面)重合,对地静止卫星将每天一次遭受地球的星蚀。每年在春分点和秋分点前后,当太阳穿越赤道时,卫星、地球和太阳共处在一条直线上,地球挡住了阳光,卫星进入地球的阴影区,造成了卫星的日蚀,称为星蚀,如图 2.10 所示。

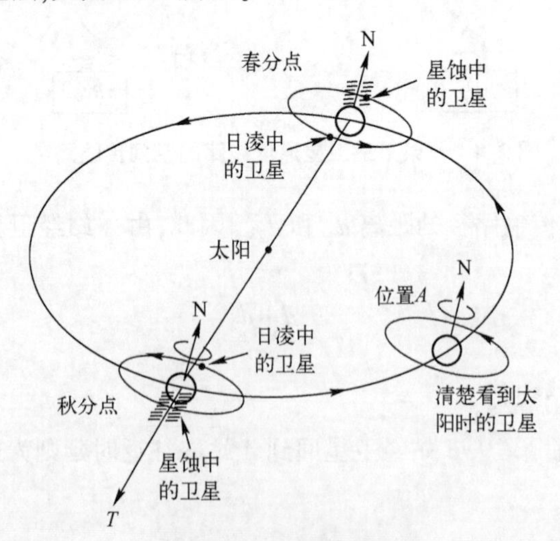

图 2.10　星蚀和日凌

星蚀从二分点(春分点或秋分点)之前23天开始,在二分点之后23天结束。星蚀持续时间从星蚀开始和结束时的约10min增加到完全星蚀时的最大约72min。在一个星蚀期间,太阳能电池不工作,卫星的工作电源必须要由蓄电池供给。图2.11给出了1年中卫星星蚀时间分布。

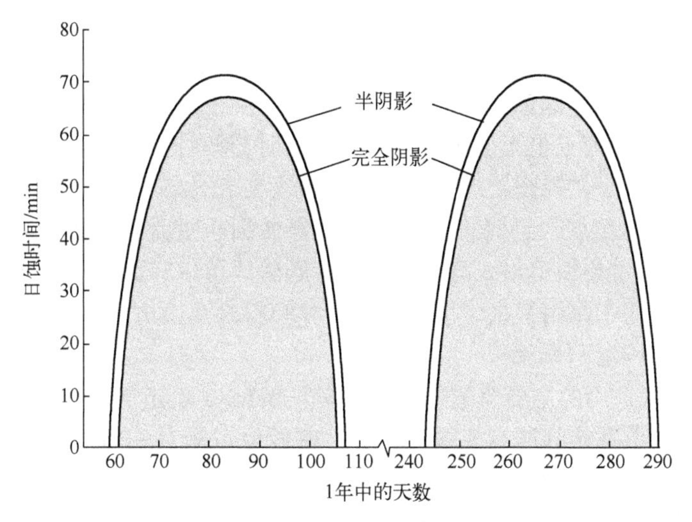

图2.11　1年中卫星星蚀时间分布

由于卫星重量的限制,星载蓄电池虽能维持星体正常运转,但难以为各转发器提供充分的电能。因此,希望星蚀发生在服务区的通信业务量最低的时间。可以适当地使星下点位置东移或西移来调整星蚀发生时间(图2.12):当卫星经度在地球站东边时,卫星是在白天进入星蚀,此时,卫星工作在较低的蓄电池电源上,是不希望的;当卫星经度在地球站西边时,只有当地球站进入深夜后卫星才发生星蚀,此时对卫星的使用量较小。

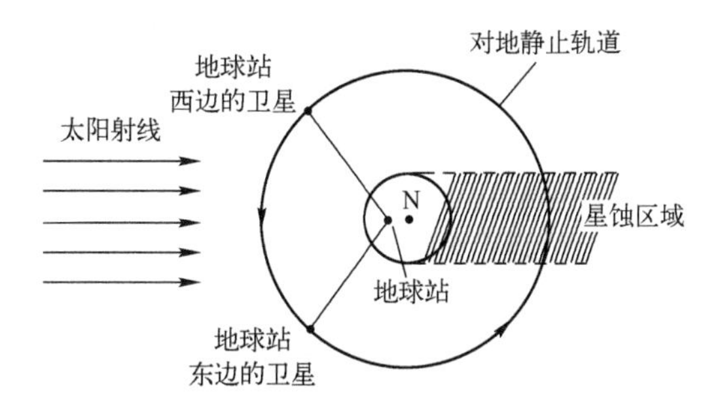

图2.12　处于地球站东边的卫星在地球站的白天(忙时)进入星蚀以及处于地球站西边的卫星在深夜及清晨(非忙时)进入星蚀

4)日凌中断

在二分点期间不可避免的另一个事件是处于地球和太阳之间的卫星的日凌(图2.10),这时太阳处于地球站天线的波束内,卫星处于太阳和地球之间。地球站天线在对准卫星的同时可能也会对准太阳,这时强大的太阳噪声使通信无法进行,这种现象通常称为日凌中断。日凌中断每年发生两次,它在二分点前后6天中每天持续较短的时间。日凌中断的发生和持续时间与地球站的纬度有关,典型的最大中断时间约为10min。例如，10m 天线在 4GHz 工作，日凌中断期间 1 天中出现太阳干扰的最长时间约为 4min。

对于静止卫星通信系统来说，日凌中断一般是难以避免的，除非用 2 颗不同时发生日凌中断的卫星，在日凌中断出现前将信道转接到备用卫星工作。

2.2.2.2 倾斜椭圆轨道

对于大多数国家来讲，静止轨道卫星是非常好的选择，但是对于高纬度（纬度高于 70°）国家，如俄罗斯、北欧国家、加拿大北部等来讲，由于极低的工作仰角或卫星的不可见，就无法选择静止轨道卫星来提供通信服务。此时，倾斜椭圆轨道是这些国家考虑的主要轨道形式之一。由于在椭圆轨道上卫星运行速度变化比较大，因此椭圆轨道系统主要是依赖于卫星位于远地点附近时进行通信。倾斜椭圆轨道是俄罗斯采用的主要轨道形式，也是北约考虑的主要轨道形式之一。倾斜椭圆轨道可以有无数种形式，下面给出目前已经采用或考虑应用于军用卫星通信系统的两种倾斜椭圆轨道。

1. Molniya（“闪电”）轨道

Molniya 是苏联采用的主要轨道形式，第一颗 Molniya 轨道卫星于 1965 年 4 月发射，并以该名字命名了该系统的所有卫星及轨道。在远地点具有相当于同步轨道的高度，而在近地点只有 1000km 左右。Molniya 又可分为周期为 12h 和 24h 的 Molniya 轨道。Molniya 轨道的倾角为 63.4°，其中，12h 的 Molniya 轨道近地点为 1260km，24h 的 Molniya 轨道的近地点为 1000km。12h Molniya 约 3 颗星，而 24h 的轨道需 2 颗星，虽然 24h 的轨道所需卫星数较少，但发射费用高，传输时延和损耗较大，倾斜轨道的倾角常选择为 63.4°，因为这可以解决卫星轨迹在轨道平面的旋转效应，节省用来修正轨道位置所需的燃料。

Molniya 轨道的缺点也非常明显：一是它需要对卫星进行跟踪。二是当一颗卫星飞出覆盖区而另一颗卫星进入覆盖区时，需要把通信波束从一颗 Molniya 卫星切换到另一颗 Molniya 卫星。由于通路的宽带特性，以及从地面站上观察到的前后相继的卫星之间的夹角很大，要求在卫星的每一边都有两个反射天线。20 世纪末，相控阵天线仍然不能在不用光电瞄准、跨越超过载波百分之几的带宽且商业系统也能接受的条件下工作，同时还无法做到对发射波束和接收波束实现精准的同步跟踪。三是卫星一天要经过覆盖区域四次（两次上升，两次下降），对地面跟瞄系统造成不小压力。

2. Loopus 轨道

Loopus 是德国提出的主要轨道形式，又称为持续环轨道，其轨道具有非地球静止轨道卫星持续占据准静止轨道环的特点。Loopus 轨道具有多种变形，下面介绍两种典型的 Loopus 轨道：

① Loopus-Ⅰ轨道：周期为 14.4h，远地点高度约为 42000km，回归周期为 3 天。该轨道在一个回归周期内的星下点轨迹以 5 个均匀分布的准静止轨道环，顺序覆盖整个北/南半球，且在高纬度区具有较好的仰角（≥45°），适用于覆盖北/南半球高纬度地区的通信系统星座。欧洲的陆地移动通信（LMC）系统就拟采用有 9 颗 Loopus-Ⅰ卫星组成的星座构型。

② Loopus-Ⅱ轨道：周期为 12h，其星下点轨迹与 Molniya 轨道非常相近，这种卫星轨道常用于以地轴为中心的两个准静止环顺序覆盖北/南半球上空东西对称的两个固定地

区。这种轨道可用于高纬度区的卫星通信，如德国联邦邮电部的卫星通信系统。

2.2.2.3 中、低轨道

中、低轨道卫星通信系统是目前商用卫星通信研究的一个热点，早期出现了"铱"(Iridium)星、全球星(Globalstar)等为代表的以电话和低速数据业务为主的移动卫星通信系统。近年来，随着移动互联网的发展，空间网络发展也被卷入了互联网发展的浪潮中，涌现出以OneWeb、星链(StarLink)为代表的新型低轨星座系统。下面简要介绍中、低轨道的特征，在2.4节中将对以上几种典型的低轨卫星星座做较详细的介绍。

1. 低轨道

在典型高度低于1500km左右的近圆轨道上运行的卫星称为低轨道卫星(或近地轨道卫星)。低轨道卫星特性如下：

(1) 需要地球终端跟踪。

(2) 对于地球某个固定点卫星扫过时间为8~10min。

(3) 需要多颗卫星(12,24,66,…)实现全球覆盖。

(4) 广泛应用于移动卫星通信。

2. 中轨道

在典型高度为5000~15000km轨道上的卫星称为中地球轨道卫星。中轨道卫星特征如下：

(1) 与低轨道卫星相似，但在更高圆轨道。

(2) 每扫过一个地球终端，需1~2h。

(3) 适用于气象、遥感和定位。

表2.1列出了典型的中、低轨道卫星通信系统。

表2.1 中、低轨道卫星通信系统

系统名称	轨道高度/km	卫星数/颗	轨道数/个
"铱"星	780	66	6
全球星	1414	48	8
Orbcomm	780/580	36	6
OneWeb	1200	882(648颗在轨+234颗备份)	18
StarLink	1100/340	4425/7518	83

中、低轨道卫星具有的优点：每颗卫星造价低，发射方便且风险小；传输损耗和时延较小；卫星移动，数目多，可实现空间备份，抗干扰能力强；频率复用能力强；用户终端尺寸可以非常小。中、低轨道卫星的缺点：单颗卫星的覆盖面积小，星座和网络控制复杂；所需卫星数目多，多普勒频移和多径时延严重；总的投资较大；单颗卫星的能力有限而且面临不断发展的地基武器的攻击。

2.3 通信卫星组成

通信卫星通常可分为有效载荷和公共舱(卫星平台)两大部分。有效载荷是指卫星上用于提供业务的设备，由转发器和天线子系统组成；公共舱（卫星平台）不仅包括承载有效载荷的舱体，而且包括提供服务有效载荷所需的电源、姿态控制、轨道控制、热控及指令和遥测功能等各种子系统。

2.3.1 天线分系统

1. 天线类型

在无线电通信中，天线是传输链路非常重要的组成部分。卫星天线有两类：一类是遥测、指令和信标天线，它们一般是全向天线，以便可靠地接收指令与向地面发射遥测数据和信标；另一类是通信天线，按其波束覆盖区的大小（图 2.13），可分为全球波束天线、点波束天线和赋形波束天线（也称为区域波束天线）。

（1）全球波束天线：对于静止卫星而言，其波束的半功率宽度约为 17.4°，恰好覆盖卫星对地球的整个视区。全球波束天线一般用在较早期的通信卫星，如“东方红”二号实验通信卫星，虽然覆盖范围广，但增益一般较低，对地球站的能力要求较高，目前单独使用已经很少，除非配合其他多波束天线使用。

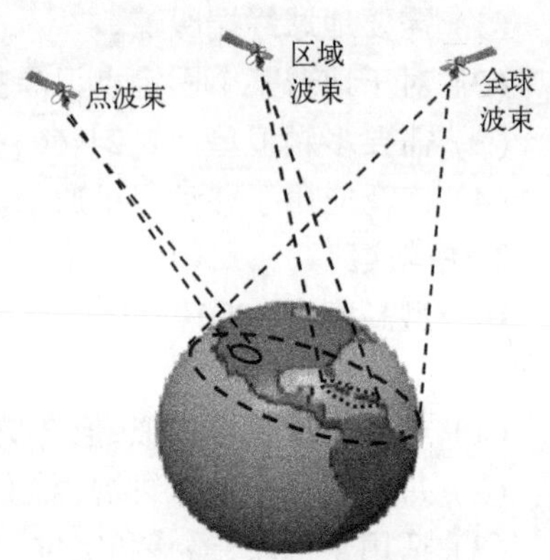

图 2.13 全球波束、区域波束和点波束

（2）点波束天线：覆盖区面积小，一般为圆形。波束半功率宽度只有几度或更小些。

（3）赋形波束天线：覆盖区轮廓不规则，视服务区的边界而定，也称为区域波束。为使波束成形，大多是利用多个馈源从不同方向经反射器产生多波束的组合来实现。波束截面的形状除与馈源喇叭的位置排列有关外，还取决于馈给各喇叭的功率与相位，通常用一个波束形成网络来控制（图 2.14）。

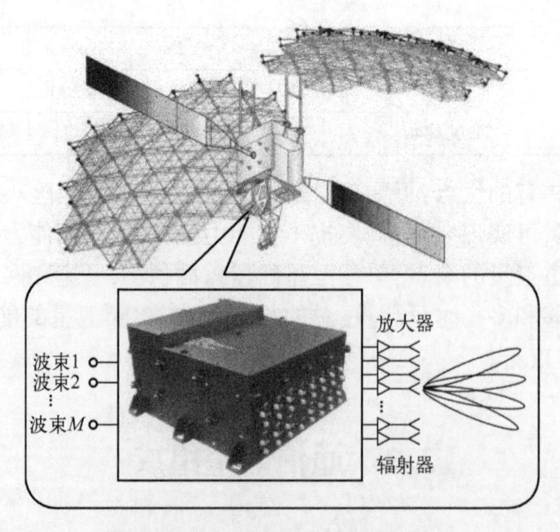

图 2.14 赋形波束形成网络示意图

此外，随着现代卫星通信对通信容量的要求越来越大，频带受限问题越来越突出，波束隔离、频率复用成为解决该矛盾的首选方案，近年来多波束卫星天线在各类卫星通信系统中得到了广泛应用。

2. 天线技术指标

天线帮助辐射功率向接收天线方向集中，但是接收天线只能接收来自发射天线的一小部分功率，大多数功率都散播到一个更宽的区域中。为了描述天线辐射功率的集中程度，经常使用天线增益和波束宽度作为衡量天线的性能指标。

1）天线的增益

（1）功率通量密度：假设发射天线位于一球体的中心，从天线向外辐射功率，辐射方向与球体表面垂直，则球体的单位表面积上通过的功率定义为功率通量密度。

（2）各向同性辐射体：在各个方向上的辐射特性相同的辐射体。这里需要说明的是，实际中任何天线都不可能在各个方向上的辐射特性都是相同的，各向同性辐射体只是一个假想的情况，在对实际天线比较时，它提供了一个非常有用的理论标准。

假设天线将馈入的功率全部辐射出去，当各向同性辐射体位于半径为 r 的球体中心时，总的辐射功率为 P_S，则单位面积上的功率流量，即功率通量密度为

$$\Psi_M = \frac{P_S}{4\pi r^2} \tag{2.16}$$

（3）天线增益：对于实际天线，其功率通量密度是随着方向变化而变化的，且大多数天线都在某一方向上有一明显的最大值出现。天线增益定义为在相同半径 r 的球面上，实际天线辐射最大方向上的通量密度与各向同性辐射体的通量密度之比，即

$$G = \frac{\Psi_M}{\Psi_i} \tag{2.17}$$

卫星通信中使用的喇叭天线、抛物面天线等面天线的增益可按下式计算：

$$G = \frac{4\pi A}{\lambda^2} \times \eta = \frac{4\pi A_{eff}}{\lambda^2} = \left(\frac{\pi D}{\lambda}\right)^2 \eta \tag{2.18}$$

式中：A 为天线物理口面面积（m^2）；λ 为工作波长（m），它与频率 f（Hz）的关系为 $\lambda = \frac{c}{f}$，$c = 3\times10^8$ m/s；η 为天线效率，因为电功率与电磁波形式的功率通过天线进行互相转换时，总要有一些损失的，它反映了天线在完成电功率与电磁波形式功率之间转换的效率，天线效率与天线形式、工作频率、加工精度等因素有关，不同的天线，其 η 不同，抛物面天线的天线效率通常为 0.55~0.75，小型天线的 η 略小些，大型卡塞格伦天线的 η 略大些，喇叭天线的 η 接近 90%，工作频率升高，天线效率有所降低；A_{eff} 为天线有效口面积；D 为抛物面天线主反射器的口面直径（m）。

由式（2.18）可以看出，口面面积越大、工作频率越高，天线增益就越大。而且可知，采用较高的工作频率，可使用尺寸较小的天线而获得同样大的天线增益。

2）波束宽度

图 2.15 给出了典型的天线方向图，最大辐射方向两侧第一个零辐射方向线以内的波束称为主瓣，与主瓣方向相反的波束称为后瓣，其余零辐射方向间的波束称为旁瓣或副瓣。波束宽度一般有半功率波瓣宽度和零功率点波瓣宽度两种表示方式。半功率波瓣宽

度指主瓣最大值两边场强等于最大值的 0.707(或等于最大功率密度的 1/2)的两辐射方向之间的夹角,也称为 3dB 波束宽度(图 2.15),常用 $\theta_{0.5}$ 表示。零功率点波瓣宽度指主瓣最大值两边两个零辐射方向之间的夹角,常用 θ_0 表示。

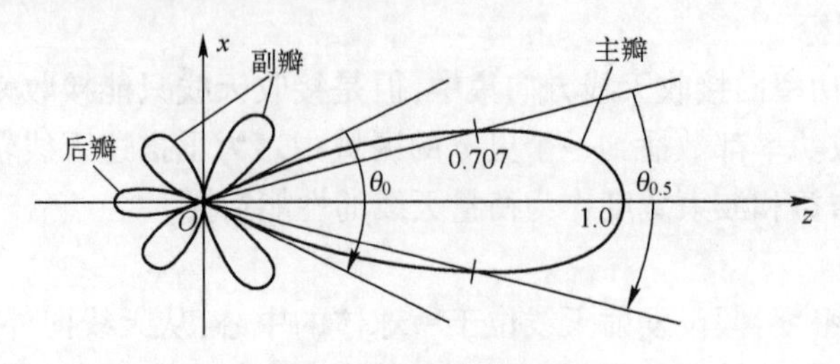

图 2.15　天线方向图

典型天线的半功率点波束宽度近似为

$$\theta_{0.5} \approx 70\frac{\lambda}{D} = 70\left(\frac{c}{fD}\right)(°) \tag{2.19}$$

式中:D 为抛物面天线主反射器的口面直径(m)。

2.3.2　转发器系统

转发器系统是通信卫星有效载荷的两大分系统之一,是通信卫星中直接起到中继站作用的部分,它接收来自地面的微弱信号,并将信号变换到下行信号合适的频率和功率电平上。转发器是构成通信卫星中接收和发射天线之间通信信道的互相连接的部件的集合。因此,虽然可能只说到一个特定的转发器,但这必须看成是一个设备通道而不是单个设备项。对转发器的基本要求是:以最小的附加噪声和失真,并以足够的工作频带和输出功率来为各地球站有效而可靠地转发无线电信号。

1. 透明转发器

根据处理信号的方式,转发器可以分为透明转发器和处理转发器两大类。透明转发器接收到地面发来的信号后,除进行低噪声放大、变频、功率放大外,不做任何加工处理,只是单纯地完成转发任务,因此,它对工作频带内的任何信号都是“透明”的通路。其功能框图如图 2.16 所示。

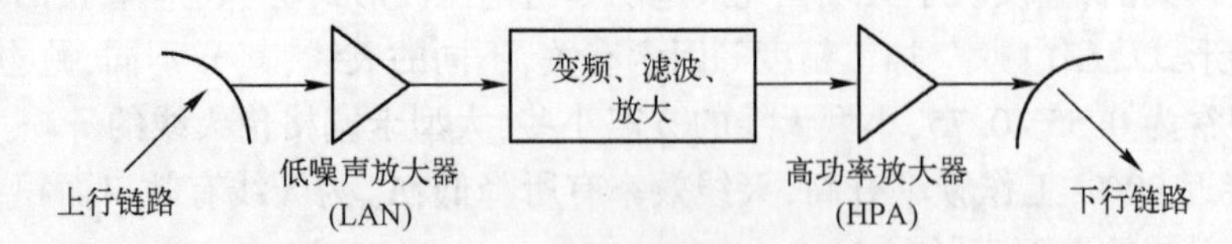

图 2.16　透明转发器功能框图

2. 转发器系统工作原理

下面以透明转发器为例介绍转发器工作原理。图 2.17 给出了透明转发器的典型结构。

地球站发送的上行信号经过输入滤波器滤除由镜像信号引起的带外噪声和干扰,将已调载波传递给宽带接收机进行信号放大和变频,利用接收机中的变频器将信号频率转

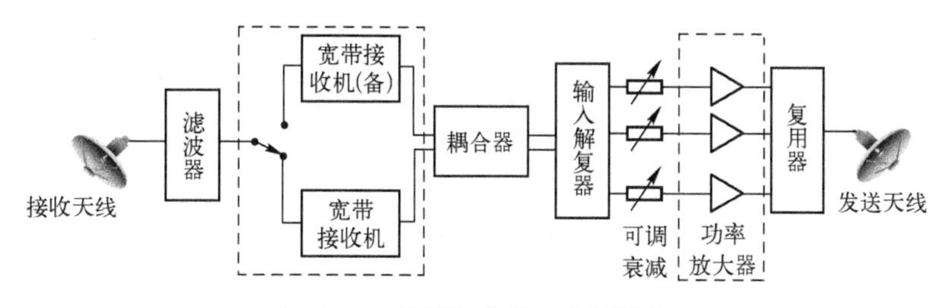

图 2.17　透明转发器的典型结构

变为下行信号。图 2.18 给出了 C 频段卫星宽带接收机结构,频率范围为 5.925～6.425GHz 的上行信号经过宽带接收机后转换为频率范围为 3.7～4.2GHz 的下行信号,该宽带接收机采用双重接收机结构,这种结构也称为冗余接收机,当其中一个发生故障时,另一个会自动切换进来,但某一时间只有一个在工作。值得注意的是,接收机中的第一级前置放大器是低噪声放大器,低噪声放大器的特点是在放大载波时只附加很少噪声,同时对载波进行了足够的放大,以克服后续混频器中存在的较高的噪声电平。

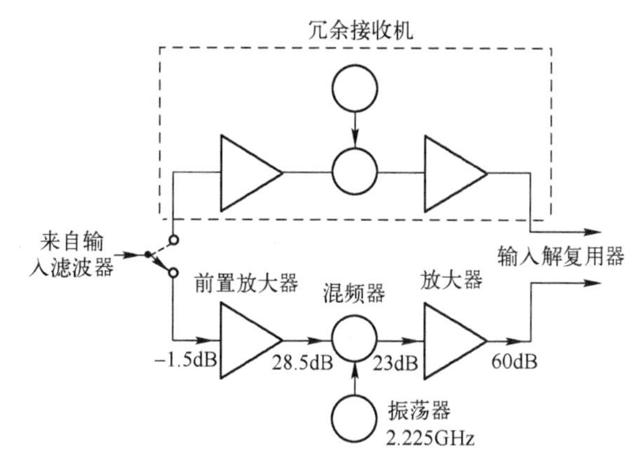

图 2.18　C 频段卫星宽带接收机结构

宽带接收机输出的频率范围为 3.7～4.2GHz 的宽带信号(这里仍以 C 频段卫星转发器为例),经过功分器和输入解复用器后被分割成多个子频带,每个子频带对应一个转发器,每个转发器通常的带宽为 36MHz,转发器之间另有 4MHz 的保护频带,这样,500MHz 的可用频带能够支持 12 个转发器。然后每个转发器信道的输出功率都使用独立的功率放大器,如图 2.17 所示,每个功率放大器前面都有一个输入衰减器,来调整每个功率放大器的输入驱动到合适的电平上,可以使用可调衰减器来为不同的业务类型设置需要的电平,一般它在地面跟踪、遥测与指令(TT&C)站的控制下进行设置。信号在进行功率放大后,最后利用输出复用器进行功率合成,重新合成后的下行信号通过发射天线发回地面,完成信号的中继转发。

通过上述对转发器工作原理的描述,可见透明转发器的一个核心器件是宽带接收机,实现上行信号到下行信号之间的频率转换;另一个核心器件是功率放大器,它决定了透明转发器卫星通信系统的信道特性。转发器中对功率放大器的要求是:可提供的频带足够宽,具有足够高的增益,且效率高,失真影响小。行波管放大器(TWTA)广泛应用于转发器中对信号进行功率放大。行波管(TWT)相对于其他类型的管子放大器的优点是能提供非常宽频带的放大。然而,必须控制到行波管的输入电平,以控制某些失真的影响最小。图 2.19 给出了行波管非线性功率转移特性:当输入功率较低时,输出与输入功率关系是线性的,即输入功率中给定的分贝变化会在输出功率中产生相同的分贝变化;当输入功率较高时,输出功率饱和,最大输出功率点称为饱和点。饱和点是一个非常合适的参考点,输入和输出量通常都参照它。行波管的线性区域定义为由低端的热噪声极限和称为 1dB 压缩点(实际的转移曲线要比外插的直线低 1dB)的点所限定的区域,如图 2.19 所示。

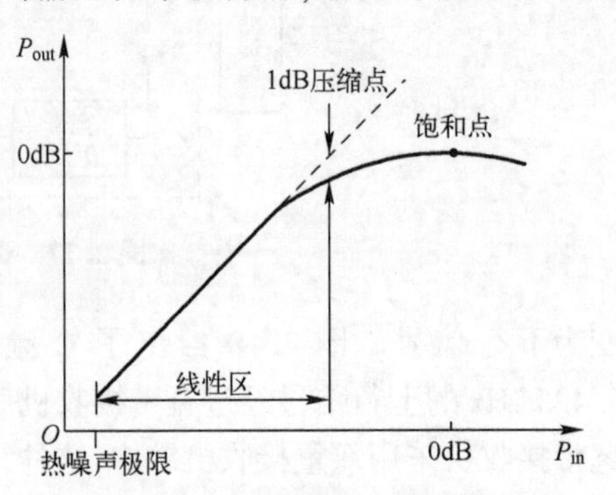

图 2.19 行波管的功率转移特性

(饱和点用作输入和输出的 0dB 参考点)

行波管放大器除了具有非线性的功率转移特性外,当输入功率较大时,还会产生相位偏移,且相位偏移随输入功率变化而变化。这里,假设饱和点的相位偏移用 θ_S 来表示,一般的相位偏移用 θ 表示,则相对饱和点的相位差为 $\theta-\theta_S$。图 2.20 示出了相位差与输入功率之间的关系。如果输入信号功率电平发生变化,就会产生相位调制,这种现象称为 AM/PM 变换。当行波管放大器同时放大两条或更多条载波时,称为多载波工作。此时 TWTA 幅度和相位的非线性特性会引入一种更严重的失真形式——互调失真,它会带来严重的负面影响,这在第 5 章中会详细描述。

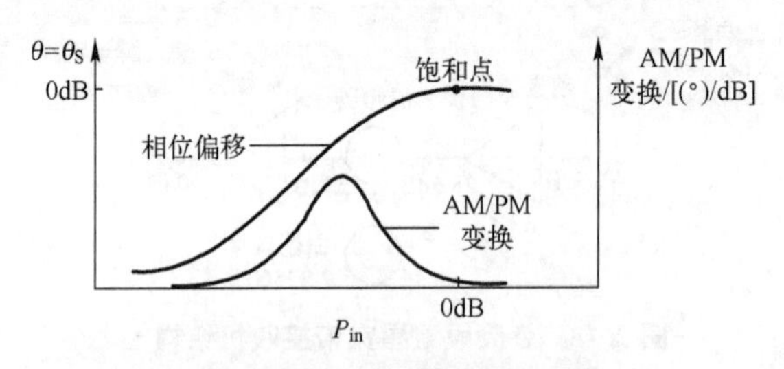

图 2.20 行波管的相位特性

注:AM/PM 曲线是根据相位偏移曲线的斜率来导出的。

3. 处理转发器

处理转发器是伴随大规模数字处理技术发展的产物,它除了进行转发信号外,还具有信号处理的功能,其功能框图如图 2.21 所示。处理转发器与透明转发器不同的是,在两级变频器之间增加了信号解调器、译码、处理单元和编码、调制器。先将信号解调,才便于进行信号处理,再经调制、变频、放大后发回地面。

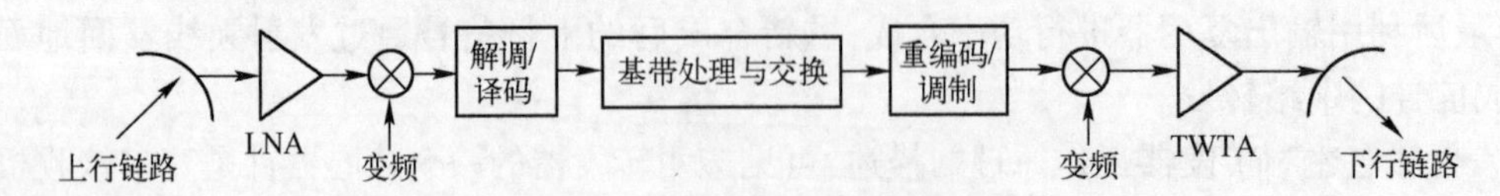

图 2.21 处理转发器功能框图

星上的信号处理主要包括:一是对数字信号进行解调再生,可以有效去除各类上行噪声干扰的影响;二是提供星上交换功能,如在不同的卫星天线波束之间进行信号交换,或者进行其他更高级的信号变换和处理,又如上行 FDMA 变为下行 TDMA 信号等。显而易见,处理转发器相比于透明转发器,传输性能好,抗干扰能力强,能够充分利用卫星功率资源和系统带宽利用率,便于实现星上电路交换;但处理转发器依赖于物理层,复杂度更高,存在很大的失效风险,其适应性比透明转发器差。

2.3.3 电源分系统

通信卫星普遍采用太阳能电池—蓄电池组系统的供配电系统,利用可展开式太阳能电池作为主电源,选用蓄电池作为辅电源,用以星蚀期间为卫星提供电能。

1. 太阳能电池

在宇宙空间,阳光是最重要的能源,它每分钟辐射到近地空间中的能量约为 1400W/m^2。太阳能电池就是把光能直接变换成电能的装置,它在其寿命初期的效率为 20%~25%,在其寿命末期下降到 5%~10%,设计寿命一般为 15 年。太阳能电池在光照期间为整星提供充足电能供星上设备使用,并为蓄电池组补充充电,如图 2.22 所示。目前,空间用太阳能电池片类型主要有硅电池片、单结砷化镓电池片和三结砷化镓电池片。其中,三结砷化镓电池片效率最高,可大幅缩减布片面积和重量,已得到普遍使用。

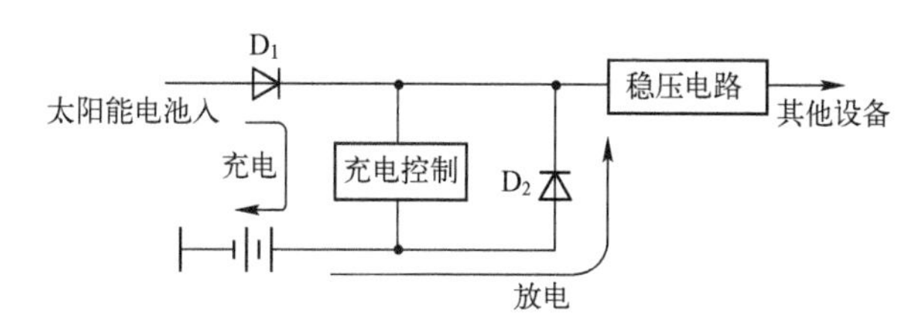

图 2.22 通信卫星电源的组成

2. 蓄电池

目前,常用的蓄电池组主要有镍镉(Ni-Cd)蓄电池、镍氢(Ni-H_2)蓄电池和锂离子蓄电池。镍镉蓄电池可靠性高,寿命长,充电过程不放气。镍氢蓄电池在质量比能量方面有提升,用于 Hugher Hs 601 系列和 Intelsat VI 系列中的某些卫星和我国 DFH-4 平台。锂离子蓄电池在质量比能量和体积比能量方面均有重大提升,后续通信卫星平台已采用锂离子蓄电池组。

另外,还有原子能电池,用作大功率通信卫星以及军用抗毁通信卫星的电源。

2.3.4 跟踪、遥测、指令分系统

跟踪、遥测、指令分系统主要包括遥测与指令两大部分;此外,还有用于跟踪卫星的信标发射设备,它们不断发出信号,以便地球测控站跟踪卫星并测量其轨道参数,保持地面对卫星的联系与控制。

1. 遥测设备

遥测设备是用于各种传感器和敏感元件等器件不断测得有关卫星姿态及星内各部分工作状态等的数据,经放大、多路复用、编码、调制等处理后,通过专用的发射机和天线

发射给地面的TT&C站供卫星监控中心进行分析和处理,然后通过TT&C站向卫星发出有关姿态和位置校正、星体内温度调节、主备用部分切换、转发器增益换挡等控制指令信号。

2. 指令设备

指令设备是专门用来接收TT&C站发射给卫星的指令,进行解调与译码后,一方面将其暂时储存起来,另一方面经遥测设备发回地面进行校对,TT&C站在核对无误后发出“指令执行”信号,指令设备接收后,才将储存的各种指令送到控制分系统,使有关的执行机构完成控制动作。

2.3.5 控制分系统

控制分系统由一系列机械或者电子的可控调整装置组成,如各种喷气推进器、驱动装置、加热及散热装置、各种转换开关等,在TT&C站的指令控制下完成对卫星的温度、姿态、轨道位置、工作状态主备用切换等各项调整。

2.3.5.1 卫星轨道摄动及位置保持

1. 卫星轨道摄动

在理想条件下的人造卫星运动轨道已如上述,但由于一些次要因素的影响,如地球是质量分布不均匀且呈扁椭圆状的球体及其表面分布不均匀、其他天体引力的影响等,卫星运动的实际轨道会发生不同程度地偏离开普勒定律所确定的理想轨道的现象,这一现象称为摄动。摄动因素如下:

1) 地球质量和形状不均匀性的影响

由于地球并非理想的球体而是略呈椭球状,且地表面起伏不平,对于在空间某一点对卫星的地心引力,不仅依赖于到地心的距离,而且与所处的经度、纬度及时间有关。即使在静止轨道上,地心引力仍然有微小的起伏。显然,地心引力的这种不均匀性将使卫星的瞬时速度偏离理论值,从而在轨道平面内产生摄动。对静止卫星而言,瞬时速度的起伏将使它的位置在东西方向漂移。

2) 太阳和月亮引力的影响

低轨道卫星,地球引力占绝对优势;高轨道卫星,地球引力虽仍是主要的,但太阳、月亮的引力也有一定的影响。以静止卫星为例,太阳和月亮对卫星的引力分别为地球引力的1/37和1/6800,这些力使卫星轨道位置矢径每天发生微小摆动,还使轨道倾角发生积累性的变化,其平均速率约为0.85(°)/年。如不进行校正,则在26.6年内,倾角将从0°变到14.67°,然后经同样时间又减少到0°。从地球看去,这种摄动使“静止”卫星的位置主要在南北方向上缓慢地漂移。

3) 地球大气阻力的影响

高轨道卫星处于高度真空的环境中,故可不考虑大气阻力的影响。低轨道卫星(轨道高度600km以下),大气阻力可能有一定的影响,由大气阻力拖拽引起的摄动是可观的,它将使卫星的机械能受到损耗,从而使轨道逐渐减小。例如,椭圆形轨道的卫星,由于受到大气的阻力,其近地点高度和远地点高度都将逐渐减小。

4）太阳辐射压力的影响

对于一般卫星来说，太阳辐射压力的影响有限，可以不予考虑；但对于表面积较大（如带有大面积的太阳能电池帆板）且定点精度要求高的静止卫星来说，就必须考虑太阳辐射压力引起的静止卫星在东西方向的位置漂移。

摄动对静止卫星定点位置的保持非常不利，为此，在静止卫星通信系统中必须采取位置保持技术，以克服摄动的影响，使卫星位置的经、纬度误差值始终保持在允许的范围内。

2. 位置保持

由于摄动的影响，对地静止卫星的轨道参数与正常的参数不同，卫星不再继续保持同步，因此需要采取位置保持措施来保持对地静止卫星在其正确的轨道位置上。地球的赤道椭圆性导致对地静止卫星缓慢地沿着轨道漂移到位于东经75°和西经105°的两个稳定点之一。为了抵消此漂移，一般通过喷嘴向卫星施加一个相反方向的速度分量，这需要每2个或3个星期做一次，这使得卫星漂移回其标称的定点位置，停留一下，然后重新开始沿着轨道漂移，直到再次启动喷嘴，这些机动称为东西位置保持机动。在6/4GHz频带中的卫星必须保持在指定经度的±0.1°内，在14/12GHz频带中的卫星必须保持在指定经度的±0.05°内。

对地静止的卫星在纬度方向上也有漂移，主要的摄动力是太阳和月亮的重力引力，这些力引起倾角以约0.85(°)/年的速度变化，为防止倾角漂移超过规定的极限，必须在适当的时候启动喷嘴以便把倾角退回到0°，当倾角在0°时，必须启动反作用的喷嘴以使倾角变化暂停，这些机动称为南北位置保持机动。南北位置保持机动消耗的燃料要比东西位置保持机动消耗的燃料多很多。南北位置保持的容限与东西位置保持的相同，在C频段为±0.1°，Ku频段为±0.05°。卫星高度也将有对地静止高度的约±0.1%的变化。

在实际中，保持卫星和地球之间不动是不可能的，因此给出了位置保持盒的概念。位置保持盒代表卫星在经度、纬度方向和高度上最大的允许偏移量，它也可表示为锥体角，顶点在地球中心，卫星必须时刻保持在它的内部。假设取对地静止高度为36000km，则高度中的总变化为72km。这样，一颗C频段卫星可能会在由该高度和纬度与经度上±0.1°容限所限定的盒内。近似取对地静止半径为42164km，0.2°的角对应约147km的弧段。这样，盒子的纬度和经度边长均为147km，图2.23给出了30m和5m天线的相对波束宽

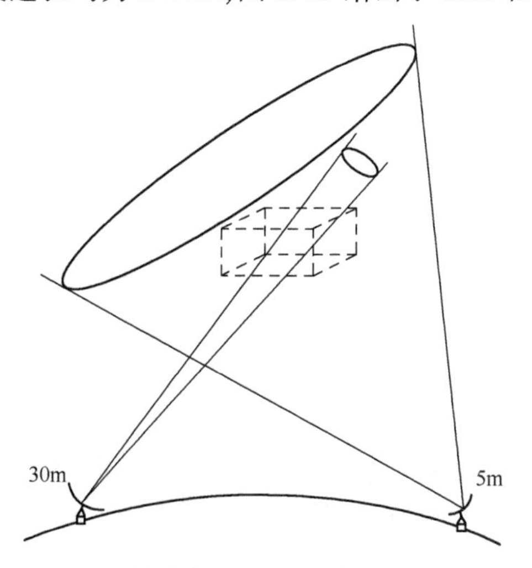

图2.23 相对来自30m和5m天线的波束，位置保持盒给出了对地静止轨道中卫星的位置限制

度。在 6GHz,30m 天线的-3dB 波束宽度约为 0.12°,5m 天线的约为 0.7°。假设斜线距离为 38000km,30m 天线波束到达卫星的直径约为 80km,此波束没有包含整个盒子,因此,可能会找不到卫星,故这样的窄波束天线必须跟踪卫星。5m 天线波束到达卫星的直径约为 464km,能够包括整个盒子,因此不需要跟踪。

2.3.5.2 姿态控制

卫星的姿态是指卫星在空间相对于地球的方向。由于天线的波束通常较窄且方向性较强,因此为了使天线能正确指向地球或地球上某个区域,必须控制卫星姿态。造成卫星姿态偏差的因素包括地球和月亮的重力场、太阳辐射和陨石撞击等。姿态控制过程一般发生在卫星上,也可以根据从卫星获得的姿态数据由地面来发射控制信号。

保持卫星稳定一般有自旋稳定和三轴稳定两种方法。

1) *自旋稳定法*

自旋稳定一般用圆柱体形卫星来实现,卫星要建造得在机械上相对一根特定轴是平衡的,然后围绕这根轴来建立旋转。对于对地静止卫星,自旋轴要调整到与地球的南北轴平行,如图 2.24 所示。典型的自旋速度为 50~100 周/min,自旋是通过小的气体喷嘴来触发旋转的。

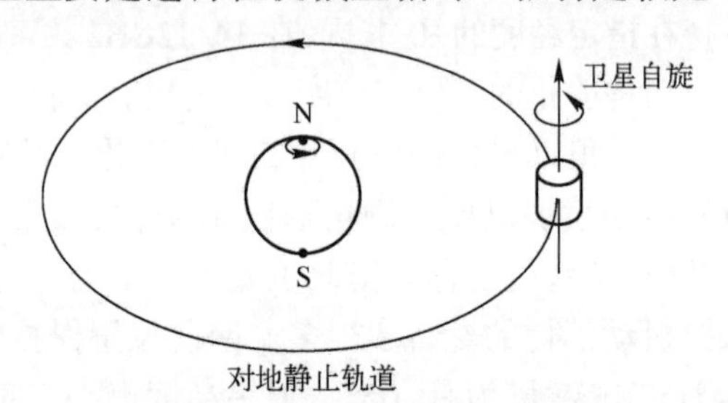

图 2.24 对地静止轨道中的自旋稳定

当没有摄动力矩时,自旋卫星将保持其相对地球的正确姿态。但实际中有来自卫星内部和外部的摄动力矩,如太阳辐射、重力梯度及陨石撞击、电机轴承的摩擦、卫星部件的移动都会产生摄动力矩。这些摄动力矩都会降低卫星旋转速度,改变角旋转轴的方向。脉冲式推进器或喷嘴能够用来增加旋转速度并且把旋转轴移回到其正确的南北指向。由于摄动力矩和控制喷嘴的不一致或不平衡会发生章动(一种形式的摆动),要利用章动阻尼器的能量吸收器来减弱此章动。

2) *三轴稳定法*

前面说明了利用自旋卫星的陀螺效应能够提供卫星姿态的稳定,也可通过对卫星的俯仰、偏航、滚动三轴(图 2.25)加以控制而使卫星保持正确姿态,这种方法称为三轴稳定法。此方法用于非圆柱体的卫星。典型的三轴稳定法(又称狭义的三轴稳定法)是在星体内分别安装以上述三轴为旋转轴的三个小型惯性飞轮,当卫星姿态正确时,各飞轮按规定的速度旋转,使卫星姿态保持稳定,一旦发现姿态变化,可改变飞轮转速以产生反作用使卫星姿态恢复正常。

2.3.5.3 热控

热控分系统的主要功能是通过主动和被动热控措施控制卫星内外热交换,确保在发射转移轨道和在轨工作阶段星内外所有设备、部件工作在要求的温度范围内,设备温度差、温度稳定性等满足技术指标要求。

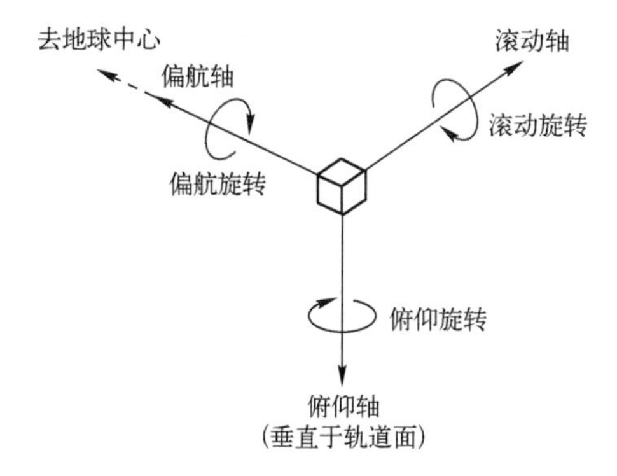

图 2.25　三轴稳定法中的滚动、俯仰和偏航轴

注：偏航轴是直接指向地球中心，俯仰轴是垂直于轨道面，滚动轴是垂直于偏航轴和俯仰轴。

2.4　卫星星座

在人造卫星应用早期，主要是通过单颗卫星来完成既定任务。但是，随着航天任务对信息时效性、全球性和连续性的要求越来越高，通信、导航、预警、侦察监视等系统向空间发展的趋势不断增强，单颗卫星在时间分辨率、空间分辨率等方面已经不能满足任务要求，因此，卫星星座概念应运而生。多颗卫星组网形成的卫星星座在覆盖性能方面有了明显改善，成为信息获取、传输和分发的理想选择。

为了完成某特定空间任务而协同工作的多颗卫星的集合称为卫星星座（简称星座）。星座中的卫星轨道在太空中构成一个相对稳定的空间几何构型，同时，这些卫星之间还保持相对固定的时空关系。显然，卫星星座的应用主要是扩大对地面的覆盖范围或是形成对目标区域的多重覆盖，通过卫星间的协同配合，大幅度提高通信、导航以及对地观测等应用效果。

2.4.1　Walker 星座

由于地球静止轨道只有一条，站位资源已经非常紧张，因此卫星星座只有部署在低于地球静止轨道高度的轨道空间才能够得到更加广泛的应用。根据系统对星座覆盖性能要求的不同，国外许多学者提出了多种星座设计方法用于非静止轨道卫星星座设计。20 世纪 60 年代初期，卫星星座设计主要集中在圆形的极地轨道星座上。70 年代，研究重点转向任意轨道倾角的星座，尤其是当时正处于研制阶段的全球定位系统（GPS）。当时，英国皇家航空研究院的 Walker 是对此类系统进行最深入研究的学者之一。目前，以 Walker 星座为代表的全球覆盖星座成为一种典型的星座构型，也是目前运行的系统中最常见的星座。

Walker 星座是指具有相同轨道高度和轨道倾角的多颗圆轨道卫星，以地球为球心均匀分布的卫星星座。Walker 星座构型常用的描述方式为（$N/P/F:h,i$）。其中，N 为星座中卫星总数；P 为轨道面数；i 为轨道倾角；h 为轨道高度；F 为相位因子，是 $0\sim(P-1)$

之间的一个整数,它表示 Walker 星座中相邻两个轨道平面上对应卫星之间的相位关系,即

$$\Delta u=\frac{360°}{N}\cdot F \tag{2.20}$$

式中:Δu 为相邻两个轨道平面上对应卫星之间的相位差,即

$$\Delta u=u_{j+1,k}-u_{j,k} \tag{2.21}$$

其中:$u_{j,k}$为第 j 个轨道平面上的第 k 颗卫星的相位;$u_{j+1,k}$为第 $j+1$ 个轨道平面上的第 k 颗卫星的相位。

根据星座的不同特点,Walker 星座可以分为星形星座、δ 星座、玫瑰星座、σ 星座、Ω 星座等构型。

1. 星形星座

星形星座是早期研究的一种星座。星座中各个轨道平面的倾角均为 90°或近似 90°,星形星座的各条轨道在参考平面上有一对公共节点,从北向下俯视如同星形,并因此得名。星形星座在近地轨道通信卫星星座中得到了应用,如 Iridium、Teledesic 等系统都采用该星座构型。星形星座的理论分析比较方便,但是覆盖特性很差,主要有以下缺点:

(1) 两个节点附近卫星过于密集,两个节点之间的区域卫星比较稀疏,导致覆盖很不均匀。

(2) 同向相邻轨道之间的卫星在整个轨道周期内相对位置基本不变;反向相邻轨道之间卫星的相对位置经常发生变化,由相反方向接近并离去,覆盖特性变化非常剧烈。

2. δ 星座

当轨道平面数为 3 时,俯视星座空间几何图形酷似大写的希腊字母 Δ 而得名 δ 星座,也称为 Walker-δ 星座。其特征如下:

(1) 各轨道面等间隔分布,相邻轨道升交点赤经差相同。

(2) 各轨道面的轨道倾角相等,且均为圆轨道或近圆轨道。

(3) 各轨道面内卫星等相位差均匀分布。

δ 星座由均与分布在 P 个轨道平面上的 N 颗卫星组成。由于 δ 星座构型的均匀性和对称性,使得 δ 星座对于同纬度区域的覆盖性能呈现出一致性,而且主要摄动源对各卫星的摄动影响几乎一致,从而使得 δ 星座在摄动环境下也能够保持长期稳定的相对构型,易于构型维持。

3. 玫瑰星座

玫瑰星座是 δ 星座中 $P=N$ 的一种特殊星座,即每个轨道平面上只有 1 颗卫星。这种星座的轨道图形在固定的天球上的投影犹如一朵盛开的玫瑰,故称为玫瑰星座。其特点是利用较少数量的卫星能够实现较高的全球覆盖率。Ballard 对玫瑰星座的构型及覆盖情况做了深入研究,并指出,分别利用 5 颗、7 颗、9 颗、11 颗卫星组成的玫瑰星座可实现对全球的单次、双重、三重和四重覆盖。

4. σ 星座

σ 星座为 δ 星座的子星座,属于一种特殊的 δ 星座。σ 星座中所有卫星的星下点沿

着同一条类似正弦曲线的轨迹等间隔均匀分布。σ 星座是各种星座中能提供距离最大为 D_{min}(D_{min}为星座中任意两颗卫星星下点之间的最小距离)的星座,因而,σ 星座可能是最有效的均匀覆盖星座。由于所有卫星都沿着同一条星下点轨迹运行,因此在区域目标覆盖、测控、数传等方面也具备先天优势。此外,在满足覆盖要求的前提下,σ 星座所需要的卫星数量也较少,因而也是较为经济的星座构型。

5. Ω 星座

如果 δ 星座或 σ 星座的卫星总数 N 是一个可分解因子的量,那么 δ 星座或 σ 星座就可以看成由几个 δ 子星座或几个 σ 子星座组成。在这种星座中去掉一个子星座以后,留下来的就是一个非均匀的星座,留下的非均匀星座就称为 Ω 星座。对于这个非均匀的星座而言,通过调整留下的子星座的相对位置,也可以改进其覆盖特性。在星座工作期间,为了提高整个星座的可靠性,有时需要部署一些轨道备份星,必要时这些备份星可以用来取代失效的卫星。此外,由于工程实践的限制,通常整个星座需要分期分批构建,即先部署数量较少、规模较小的子星座,再逐步扩大成完整的大星座。此时,Ω 星座构型就比较合适。

2.4.2 通信卫星星座

本节对几种典型的低轨通信卫星星座进行介绍。

1. Orbcomm 卫星通信系统

Orbcomm 系统是由美国轨道科学公司和加拿大环球电讯公司联合提出的低成本、小型 LEO 系统,用于在全球范围内提供双向、窄带数据传送、数据通信以及定位服务的卫星通信系统。

Orbcomm 卫星星座由 41+6(6 颗备用卫星)颗 LEO 卫星组成,目前已在 6 个轨道平面中发送了 35 颗卫星,其中有三个轨道平面与赤道成 45°角,轨道之间间隔120°,距离地面 825km,分别拥有 8 颗卫星。另外两个高倾角轨道平面分别与赤道成 70°和 108°角,距离地面 740km,各自有两颗卫星,两颗卫星之间间隔 180°。还有一个是赤道轨道,位于赤道上方,距地面 975km,由 6 颗卫星组成。最后,为了加强南北纬 25°~55°之间的覆盖,Orbcomm 增加了第七个轨道平面,该轨道平面距地 825km,与赤道成 45°角,与第一个轨道间隔 20°,拥有 7 颗卫星。这样就能覆盖整个地球表面,并提供了一定的冗余机制。也就是说,即使当某个卫星发生故障而不能正常工作时,其余卫星仍能够保持系统正常运行而没有盲区出现。

2. “铱”卫星通信系统

“铱”卫星通信系统是第一个投入商业运营的大型低轨移动卫星通信系统,最初是美国摩托罗拉公司于 1987 年提出的一种利用低轨道卫星群实现全球个人卫星移动通信的系统,它与现有的通信网相结合,可以实现全球数字化个人通信。该系统原设计预备采用 77 颗小型卫星,分别围绕 7 个极地圆轨道运行,因卫星数与铱原子的电子数相同,故得名“铱”星系统。后来由于设计修改,星座结构改为 66 颗卫星围绕 6 个极地圆轨道运行,但系统名称仍为“铱”星系统。

“铱”星卫星通信系统与其他卫星移动通信系统的主要区别是其星座具有星间通信

链路,能够不依赖地面转接为地球上任意位置的终端提供连接,因而,“铱”星通信系统的性能极为先进、复杂,当然投资费用也较高。当1998年摩托罗拉公司将“铱星计划”投入使用时,传统地面移动通信几乎完全占领了市场,“铱”星电话无法形成稳定的客户群,面临巨额亏损。3月17日,铱星公司申请破产保护,这是美国当时历史上最大的破产事件,摩托罗拉在“铱星计划”中损失50亿美元,被形容为“技术上成功,商业上失败”。后来于2001年,由私人投资者组成的投资团队成立了新一代铱星公司,重启相关卫星服务,这次铱星公司将市场定位于特殊需求的客户,并在2007年宣布第二代“铱星计划”(Iridium NEXT)。该计划使用66颗近地卫星,全面替换现有卫星,此外还有6颗在轨备用卫星和9颗地面备用卫星。

“铱”星星座构型为玫瑰星座,由66颗在轨卫星和6颗备用卫星组成,它们均匀部署在轨道高度为780km的6条极轨、近圆轨道上,每个轨道面包含11颗业务星和1颗备用星,轨道倾角为86.4°,备份星轨道高度677km。每颗“铱”星拥有4条Ka频段的星间通信链路:同轨道卫星的前后方向各一条星间链路,星间距离为4021~4042km;相邻轨道面之间各有一条星间链路(仅适用于纬度68°以下地域),星间距离为2700~4400km。卫星采用三轴稳定,质量为320kg,工作寿命为5~8年。

3. 全球星卫星通信系统

全球星卫星通信系统是美国劳拉(Loral)公司和高通(Qualcomm)公司发起的,主要是满足国防、边远及沙漠地区的通信需求,填补地面通信网的空白,是目前唯一正式商业运行的语音移动通信系统。

全球星卫星星座采用48/8/1的Walker星座构型,由48颗工作卫星和8颗备份卫星组成,均匀分布在8个轨道倾角为52°的圆轨道上,每个轨道面有6颗工作卫星和1颗备份卫星。每颗卫星相对于邻近轨道面上卫星的相位差为7.5°,能够覆盖地球表面南北纬70°以内的所有地区。卫星轨道高度为1414km,传输时延和处理时延小于300ms,因此用户感觉不到时延。全球星卫星通信系统在主要的商业服务区(北纬25°~49°)可以提供任何时刻至少两重覆盖的通信服务,而其他地区只提供一重覆盖的通信服务,用户可以随时接入该系统,每颗卫星能够与用户保持17min的连通,然后通过软切换转到另一颗卫星,用户感觉不到切换。卫星采用三轴稳定方式,运行速度为7.15km/s,运行周期为114min,星体质量约450kg,正常使用功率约1kW,预定寿命为7.5年。

4. OneWeb卫星通信系统

OneWeb星座由648颗在轨卫星和234颗备份卫星组成,为全球个人消费者提供互联网宽带服务的低轨卫星星座。

648颗通信卫星工作在Ku频段,在距地面大约1200km的高度环形低地球轨道上运行,这些卫星在12~18GHz的微波频率范围内通信。每个卫星将能够产生6Gb/s的吞吐量。卫星使用渐进俯仰技术,其中卫星略微转动,以避免干扰对地静止轨道上的Ku频段卫星。地面上的用户终端天线将是大约36cm×16cm的相控阵天线,并将提供50Mb/s的互联网接入速度。这些卫星将按照“轨道碎片减缓”(ADS)准则设计,以便从轨道上移除卫星,并确保低轨道卫星在退役后25年内重新进入地球大气层。OneWeb的最终目标是试图向地球上数十亿没有宽带接入的用户提供网络服务。

OneWeb星座网络显著的特点是全球覆盖,保证了用户身处任何地点都能享受网络服务。OneWeb 与铱星一样,采用了极轨轨道,也存在着两极上方卫星分布过于密集,而低纬度地区卫星分布稀疏的问题。

OneWeb 卫星外观与基本参数:OneWeb 卫星属于微卫星,质量只有 150kg,大小也和一台小型的冰箱相差无几。每颗卫星设计了 16 个 Ku 用户波束,从而实现了对全球的无缝覆盖,使得用户不论何时身处何处,都能接收到 OneWeb 卫星提供的无线信号。因为低轨道卫星的运动速度非常快(约为 7km/s),所以其实是用户在不断地更换通信的卫星,通过波束的多重覆盖,可以使用户感觉不到这种“漫游”,保证通信质量。跨波束跨卫星的切换对于卫星来说,由于其相对地面运动速度较大,相对速度的快速变化将导致角速度快速变化和多普勒频移,造成链路捕获与跟踪的困难,需要通过接入控制进行链路适配与切换控制,支持其链路层协议的识别、切换、链路调制,并采用类似于移动 IP 的方法进行移动性管理。

OneWeb 并没有像铱星一样提供小型化终端的解决方案,直接为用户提供移动连接,而是与网络运营商合作,通过社区进行网络服务的提供。通过社区网络来为覆盖区域提供网络连接,也就是说,OneWeb 是对现有的网络运营商提供在空间覆盖上经济可行的一套解决方案。OneWeb 主要的应用场景包括:可靠的全球通信;航空低时延宽带通信;汽车蜂窝网络服务;直接到家庭、学校和医院的个人卫星通信;覆盖农村和偏远地区。

5. StarLink 卫星通信系统

StarLink(意思是“星星联网”)将若干个人造卫星以激光通信的方式进行连接。StarLink 是 SpaceX 公司提出的卫星群计划,该计划最终目标是将约 12000 颗卫星送入地球轨道进行组网,从而覆盖全球的网络通信。StarLink 作为一个非地球静止轨道(NGSO)系统,具有如下特点:

(1) 低时延:低轨卫星可以实现几十毫秒甚至十几毫秒的延时,低轨时延意味着可以有更多类型应用并产生更大价值空间。

(2) 动态性:以 StarLink 的 LEO 轨道来计算正过顶在 40°的可通信角度范围内的单星过境时间为 5~6min,实际情况只会该时间更短,而甚低轨(VLEO)的过境时间更短。因此要保证网络不中断,用户终端需要频繁地切换不同的接入卫星。另外,过多的卫星形成网络也会产生时延抖动。

(3) 庞大系统:卫星数量多、频繁切换,而且多至 12000 颗,自然造成系统的庞大。

StarLink 由 4425 颗分布在 1100km 高度轨道的 LEO 星座和 7518 颗分布在 340km 左右的 VLEO 星座构成。StarLink 与 OneWeb 的区别之一在于:Starlink 是天星天网,通过星间链路直接连接服务和用户;OneWeb 的弯管模式则是天星地网,每颗卫星要同时连接地球站和用户才能建立服务。这类似于第一次浪潮中的铱星和全球星,只不过铱星组网只要 66 颗,全球星只要 48 颗。

StarLink 的 LEO 星座选择了 Ku/Ka 频段,VLEO 星座选择 V 频段。关口站和用户终端都将采用更先进的相控阵天线技术来实现与多颗卫星的通信。该星座两层轨道设计有特点,较高的 4425 颗卫星使用 Ku/Ka 频段,有利于更好地实现覆盖;较低轨道上的 7518 颗卫星使用 V 频段,可以实现信号的增强和更有针对性的服务。

可见,StarLink 的卫星比 OneWeb 复杂很多,一方面增加了基于激光的星间链路,另一方面星间使用光通信,关口和用户使用微波,星上还要进行路由(涉及光电交换、星上的高速处理等核心技术),难度可见一斑。目前,StarLink 外观已经基本上固定,SpaceX 已经在 2020 年 5 月发射了 60 颗卫星,每颗 Starlink 卫星质量为 227kg,为了方便发射,折叠压缩设计为单面太阳能折叠板,每个卫星的预计工作寿命为 5 年。每颗卫星都有自己的销毁程序,卫星到寿命后将减速坠入大气层烧毁,缺失的 StarLink 卫星将由新的卫星发射弥补。

2.5 本章小结

通信卫星工作在地球外层空间,按照一定的轨道围绕地球运行。本章首先介绍了卫星围绕地球运行的规律——开普勒三定律及轨道参数,并描述不同的轨道分类方法和常用轨道的性质和特点及相关术语;其次对通信卫星的组成进行了描述,并对各部分工作过程和原理做了介绍,特别是天线分系统和转发器分系统的原理和主要技术参数做了较为详细的描述;最后对卫星星座的概念进行了描述,并介绍了常用的 Walker 星座以及典型的几种通信卫星星座。

习 题

1. 阐述描述行星运动的开普勒三大定律。对于每一条定律,说明它与人造卫星围绕地球旋转的关系。
2. 卫星轨道的偏心率为 0.2,半长轴为 10000km。求正焦弦、半短轴及两个焦点之间的距离。
3. 对于围绕地球的卫星轨道,轨道的偏心率为 0.15,半长轴为 9000km。求轨道周期、远地点高度及近地点高度。假设平均地球半径为 6371km。
4. 解释远地点高度和近地点高度的意义。“宇宙”1675 号卫星的远地点高度为 39342km,近地点高度为 613km。求该轨道的半长轴和偏心率。假设平均地球半径为 6371km。
5. 范·阿伦带与卫星轨道高度选择的关系是什么?
6. 解释对地静止轨道的意义。
7. 解释星蚀和日凌中断的意义。
8. 比较对地静止轨道与中、低轨道优、缺点。
9. 计算 3m 抛物面天线的增益,工作频率分别为 4GHz 和 12GHz。
10. 解释卫星姿态的意义,简单描述两种姿态控制方式。
11. 卫星转发器有哪几类?画出其组成框图。
12. 简单描述构成转发器信道的设备部件。
13. 结合通信卫星,解释冗余接收机的意思。
14. 描述通信卫星上使用的输入去复用器的功能。

15. 描述通信卫星常用的高功率放大器设备的类型。

16. 卫星上使用行波管放大器与其他类型的高功率放大器相比，其主要优、缺点是什么？

17. 定义并解释术语 1dB 压缩点。相对于行波管的工作点，该点的意义是什么？

18. 当多条载波被同时放大时为什么应避免在行波管放大器的饱和点附近工作。

19. 查找并了解转发器的主要技术指标。

20. 什么是卫星星座？Walker 星座有什么特点？典型的通信卫星星座有哪些？

第3章 电波传播与极化

信号在地球站和卫星之间传播必须要穿过地球大气层,目前卫星通信常用的频率范围为1~30GHz,未来可能扩展到更高。大气层中对这些频率有影响的是对流层、平流层和电离层(图3.1),虽然它们不是电磁波传播路径的主要部分,但会给信号带来一定的传播损伤。对流层中云、雾、雨、雪等天气现象,平流层内的臭氧,电离层中的大量的自由电子和离子,都会对电磁波信号产生损伤和影响。本章将对一些较为重要的传播损伤进行描述。

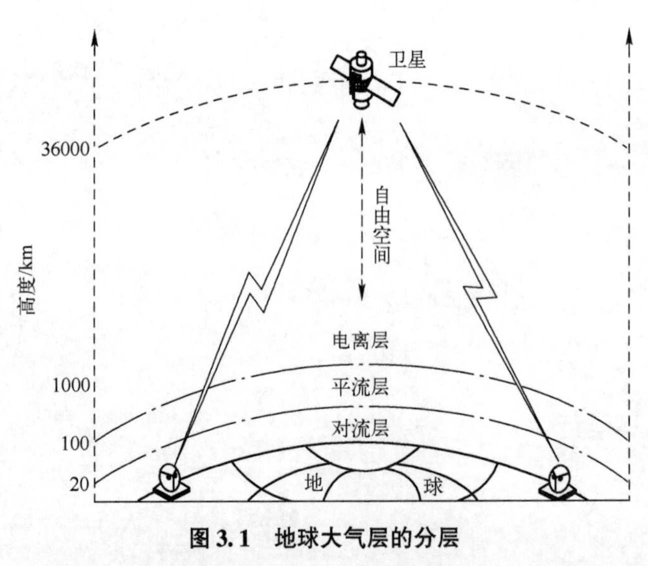

图3.1 地球大气层的分层

3.1 大气对电波传播的影响

3.1.1 大气吸收损耗和大气闪烁

大气吸收损耗是由地球大气层气体吸收能量引起的。大气吸收损耗的大小取决于信号频率、仰角、水蒸气密度等。一般来说,大气损耗的影响比较小,在链路功率预算中常以备余量的方式考虑。

图 3.2 给出了大气吸收损耗与电波频率之间的关系。从图中可以看出,大气吸收损耗存在两个吸收峰值点:第一个峰值点在 22.3GHz 频率处,主要是由水蒸气(H_2O)谐振吸收引起的;第二个峰值点在 60GHz 频率处,主要是由氧气(O_2)谐振吸收引起的,在明显离开峰值点的其他频率处,吸收损耗相当的低。在 0.3~10GHz 处,大气损耗最小,比较适合于电波穿出大气层的传播,并且大体上可以把电波看作自由空间传播,故称此频段为“无线电窗口”,在卫星通信中应用最多。另外,在 30GHz 附近有一个损耗谷,损耗较小,通常把此频段称为“半透明无线电窗口”。图 3.2 中的曲线描绘的是垂直入射的情况,即地球站天线的仰角为 90°,如果将此时的吸收损耗量记为$[AA]_{90}$(dB),则在仰角 $\theta>10°$的范围内,吸收损耗有下式近似关系:

$$[AA]=[AA]_{90}\csc\theta \tag{3.1}$$

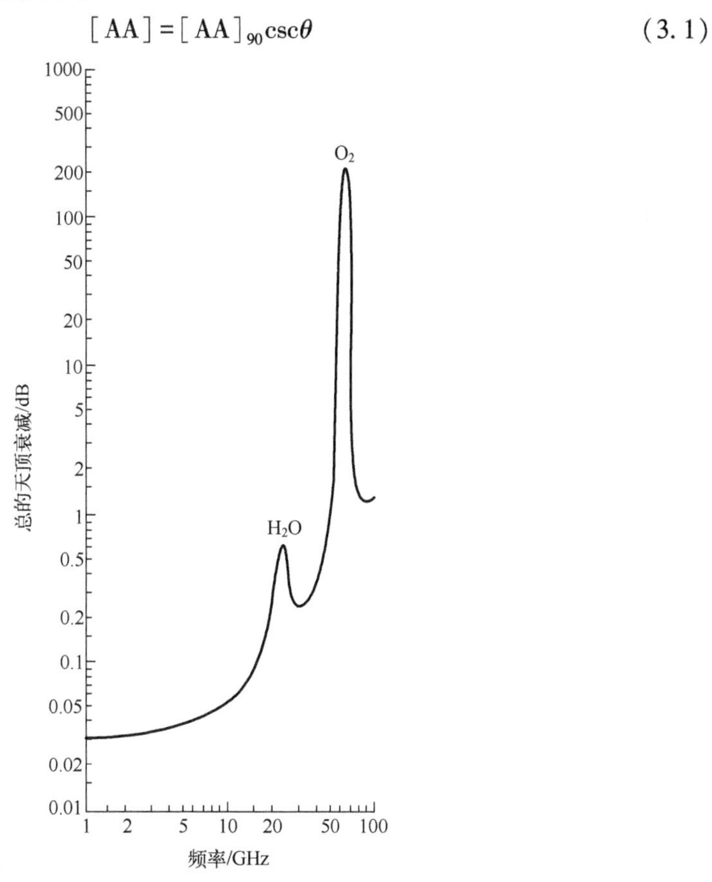

图 3.2 大气吸收损耗与电波频率之间的关系

表 3.1 列出了晴朗天气下不同天线仰角和工作频率下大气损耗值。从表中可以看出:当地球站所处位置使天线波束仰角较大时,电波通过大气层的途径较短,损耗也就较小;在相同天线仰角下,工作频率越高,大气损耗就越大。

表 3.1 晴朗天气大气损耗值

工作频率/GHz	仰角/(°)	可用损耗值/dB
4	天顶角至 20	0.1

（续）

工作频率/GHz	仰角/(°)	可用损耗值/dB
4	10	0.2
4	5	0.4
12	10	0.6
18	45	0.6
30	45	1.1

在电磁波信号穿透大气层时,还可能发生大气闪烁效应。大气闪烁是一种衰落现象,其衰落周期为几十秒。它是由大气层中折射率的不规则而引起电磁波的聚焦和扩散,从而造成传播路径的不同,最终导致接收信号幅度起伏的现象。在链路功率预算时,一般用衰落备余量来补偿大气闪烁。

3.1.2 电离层闪烁

电离层是地球大气层上部由于受到太阳辐射而产生离子化的区域,电离层中的自由电子不是均匀分布,而是形成层式分布,这些电子层(又称为移动电离层扰动)在电离层中不断移动引起信号的起伏变化,这种变化是随机的,只能通过统计特性来描述。电离层闪烁是指电离层中不均匀的电子密度使得电磁波穿过时发生折射和散射,造成电波信号的幅度、相位、到达方向、极化方式等发生短期不规则变化的现象。电离层闪烁的影响主要由电离条件决定,随着频率增加而减小,且大多数是与频率的平方成反比;当频率高于1GHz时,电离层闪烁的影响一般大大减轻,所以电离层闪烁对UHF频段影响较大。电离层闪烁与工作频率、地理位置、地磁活动情况以及当地季节、时间等有关。如同补偿大气闪烁引起的衰落一样,在链路功率预算时要留有一定的衰落备余量来补偿电离层闪烁。

3.2 降雨衰减

降雨衰减是指由于降雨对信号能量的吸收从而造成信号能量的衰减。降雨衰减是降雨率的函数。

降雨率是指在地面感兴趣的区域(如地球站处)通过雨量测量器测得的雨水蓄积的速度,单位是mm/h。

通常用降雨率超过指定值的时间百分比表示降雨的影响,时间百分比通常以年为单位。例如,0.001%的某降雨率是指一年中有0.001%的时间(约5.3min),雨量超过该指定降雨率,此种情况的降雨率表示为$R_{0.001}$。通常时间百分比用p表示,降雨率用R_p表示。则降雨单位衰减为

$$\alpha = aR_p^b(\text{dB/km}) \tag{3.2}$$

式中:单位衰减系数a和b与频率和极化方式有关,表3.2给出了它们的值。从表3.2中分析可知,降雨的衰减量随着频率的升高而增加;水平极化的降雨衰减比垂直极化的降雨衰减大得多。

表 3.2 单位衰减系数

频率/GHz	a_h	a_v	b_h	b_v
1	0.0000387	0.0000352	0.912	0.88
2	0.000154	0.000138	0.963	0.923
4	0.00065	0.000591	1.121	1.075
6	0.00175	0.00155	1.308	1.265
7	0.00301	0.00265	1.332	1.312
8	0.00454	0.00395	1.327	1.31
10	0.0101	0.00887	1.276	1.264
12	0.0188	0.0168	1.217	1.2
15	0.0367	0.0335	1.154	1.128
20	0.0751	0.0691	1.099	1.065
25	0.124	0.113	1.061	1.03
30	0.187	0.167	1.021	1

注:下标 h 和 v 分别代表水平和垂直极化

单位降雨衰减确定后,总的降雨衰减为

$$A=\alpha L(\mathrm{dB}) \tag{3.3}$$

式中:L 为信号经过降雨区域的有效路径长度,因为降雨密度在整个实际路径中分布是不均匀的,所以采用有效路径长度比实际(几何)长度更为合适。如图 3.3 所示,L_S 表示的是几何路径(斜线)长度,它依赖于天线仰角的大小和降雨高度 h_R。

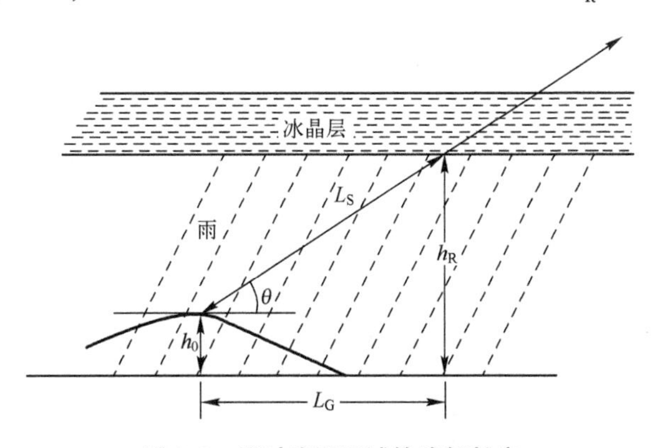

图 3.3 通过降雨区域的路径长度

根据几何路径长度得到有效路径长度为

$$L=L_S r_p \tag{3.4}$$

式中:r_p 为衰减因子,它是时间百分比 p 和 L_S 在水平方向上的投影 L_G 的函数,即

$$r_p=\frac{1}{1+L_G/L_o} \tag{3.5}$$

其中:$L_o=35\exp(-0.015R_p)$;$L_G=L_S\cos\theta$。

考虑所有因素,则降雨衰减表达式为

$$A_{\mathrm{p}}=aR_{\mathrm{p}}^{b}L_{\mathrm{s}}r_{\mathrm{p}}(\mathrm{dB}) \tag{3.6}$$

降雨除了会吸收信号能量造成降雨衰减外,还会产生噪声,衰减和噪声对卫星链路性能的影响在上、下行链路的雨衰余量中考虑。另外,降雨会导致信号的去极化。表 3.3 中给出了 Ku 频段超出衰减量的平均时间百分比。可以看出,具有较大衰减量的时间百分比较小,即下大雨的概率比较小。表 3.4 给出 Ku 频段地球站在给定链路可用度条件下的全国各地的雨衰余量。

表 3.3 Ku 频段超出衰减量的平均时间百分比

地 点	降雨衰减/dB		
	1%	0.5%	0.1%
猫湖(Cat Lake)	0.2	0.4	1.4
塞佛要塞(Fort Severn)	0.0	0.1	0.4
杰拉敦(Geraldton)	0.1	0.2	0.9
金斯敦(Kingston)	0.4	0.7	1.9
伦敦(London)	0.3	0.5	1.9
北湾(North Bay)	0.3	0.4	1.9
奥克奇(Ogoki)	0.1	0.2	0.9
渥太华(Ottawa)	0.3	0.5	1.9
圣玛丽亚(Sault Ste Marie)	0.3	0.5	1.8
锡欧克斯瞭望台(Sioux Lookout)	0.2	0.4	1.3
苏特伯雷(Sudbury)	0.3	0.6	2.0
打雷湾(Thunder Bay)	0.2	0.3	1.3
蒂明斯(Timmins)	0.2	0.3	1.4
多伦多(Toronto)	0.2	0.6	1.8
温索尔(Windsor)	0.3	0.6	2.1

表 3.4 Ku 频段地球站在给定链路可用度条件下的雨衰余量(dB)

地点	上行链路频率 14.25GHz				下行链路频率 12.5GHz			
	99.99%	99.85%	99.8%	99.75%	99.99%	99.85%	99.8%	99.75%
北京	10	3.1	2.7	2.4	8	2.5	2.1	1.9
广州	20	6.2	5.4	4.8	16	5	4.3	3.8
福州	18	5.6	4.8	4.3	14	4.3	3.8	3.4
武汉	15	4.6	4	3.6	12	3.7	3.2	2.9
成都	12	3.7	3.2	2.9	9	2.8	2.4	2.2
昆明	13	4	3.5	3.1	10	3.1	2.7	2.4
哈尔滨	10	3.1	2.7	2.4	8	2.5	2.1	1.9
乌鲁木齐	4	1.2	1.1	1	3	0.9	0.8	0.7

3.3 其他传播损伤

由于冰雹、冰晶和雪含水量较低,因此衰减影响较小,但冰晶可导致去极化。云层引起的衰减可采用与降雨衰减相似的方法计算,但其衰减通常比较小。

3.4 极　　化

3.4.1 极化定义和方式

1. 极化的概念

定义:介质中的分子和原子的正、负电荷,在外加电场力的作用下发生小的位移,形成定向排列的电偶极矩;或原子、分子固有电偶极矩为不规则分布,在外电场作用下形成规则排列,如图 3.4 所示。

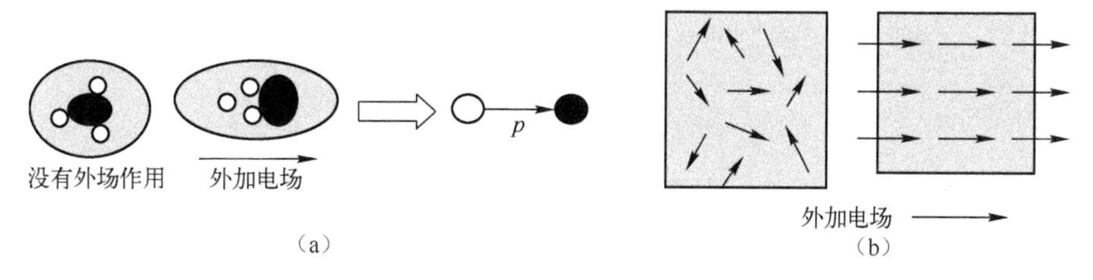

图 3.4　极化的定义

(a) 外场使正、负电荷中心发生位移,形成定向排列的电偶极矩;
(b) 外场使不规则的分布的固有电偶极矩,形成规则排列。

2. 极化方式

1) 线极化

电磁波的电场矢量末端轨迹曲线是一直线,这种电磁波的极化方式称为线性的。

在无线通信早期,通过参照地球表面而指定的极化方向,当时大多数的传输是采用线极化电磁波且沿着地球表面进行,所以垂直极化就意味电场方向与地球表面垂直,而水平极化则意味着电场方向与地球表面平行,如图 3.5 所示。

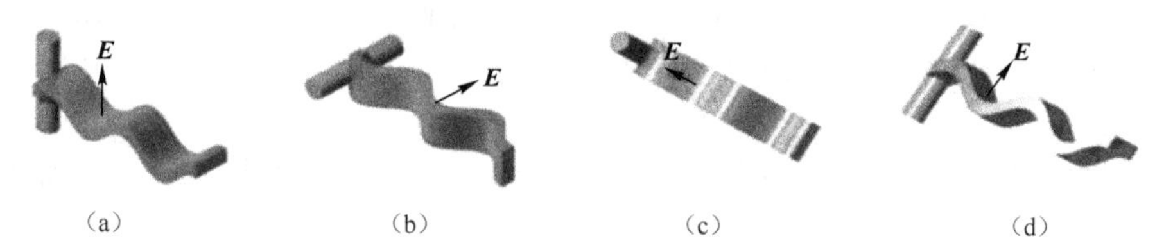

图 3.5　极化方式

(a) 垂直极化;(b) 水平极化;(c) +45°极化;(d) −45°极化。

需要指出的是，卫星传输中对垂直极化和水平极化的定义，其概念已发生变化，其定义一般如下：假定对地静止卫星发射的是线极化波，水平极化通常定义为电场矢量与赤道面平行，而垂直极化定义为电场矢量与地球极轴平行。

假定某时刻有两个水平和垂直的电场矢量，分别位于图 3.6(a) 中右旋集的 x 和 y 轴上，则垂直极化的电场矢量可以表示为

$$\boldsymbol{E}_y = \hat{a}_y E_y \sin\omega t \tag{3.7}$$

式中：$\hat{a}_y$ 为垂直方向的单位矢量；E_y 为电场的幅度或峰值。

类似地，水平极化的电场矢量为

$$\boldsymbol{E}_x = \hat{a}_x E_x \sin\omega t \tag{3.8}$$

以上两个电场矢量末端轨迹曲线都是一直线(图 3.6(b))，假设两个电场都同时存在，将两个矢量合成得到一新的矢量 $\boldsymbol{E}$(图 3.6(c))，矢量 $\boldsymbol{E}$ 与水平方向夹角为

$$\alpha = \arctan \frac{E_y}{E_x} \tag{3.9}$$

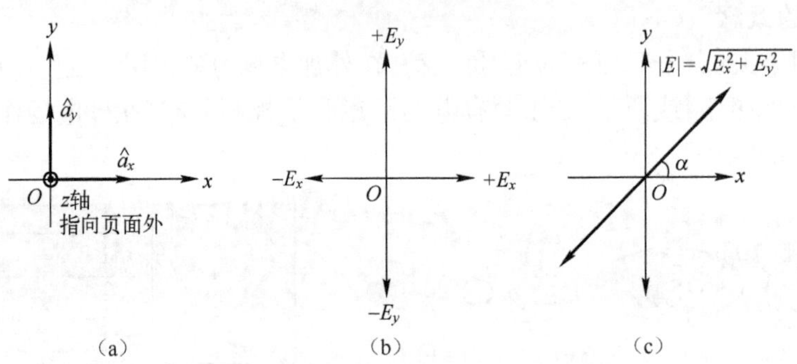

图 3.6 线极化的水平矢量和垂直矢量

注意这里的 $\boldsymbol{E}$ 仍然是线极化，但已不能简单地认为是水平极化或是垂直极化。从矢量分解观点来看，很明显 $\boldsymbol{E}$ 可以分解为垂直和水平分量，这在实际传输系统中非常重要。从数学上讲，称此处的 $\boldsymbol{E}_x$ 与 $\boldsymbol{E}_y$ 正交。

2) 圆极化

圆极化：电场矢量的末端轨迹是一个圆。

假设有两个电场幅度相等(用 E 表示)，但其中一个相位提前 90°，数学表示如下：

$$\boldsymbol{E}_y = \hat{a}_y E \sin\omega t \tag{3.10a}$$

$$\boldsymbol{E}_x = \hat{a}_x E \cos\omega t \tag{3.10b}$$

应用式(3.9)得到夹角 $\alpha = \omega t$，合成矢量 $\boldsymbol{E}$ 的幅度为 E。

上面两电场的合成电场矢量 $\boldsymbol{E}$ 的末端轨迹是一个圆(图 3.7(a))，所以此合成电磁波称为圆极化，圆极化的方向定义为电场矢量旋转的方向，这里同样要求首先确定观察电场的方向。

右旋圆(RHC)极化定义为当沿着电波传播方向看去，即从“后面”看去，电场旋转方向是顺时针的，如图 3.7(b)所示。左旋圆(LHC)极化定义为当沿着电波传播方向看去，电场旋转方向是逆时针的，如图 3.7(c)所示。LHC 和 RHC 极化是正交的，电波传播的方向沿着 $+z$ 轴。

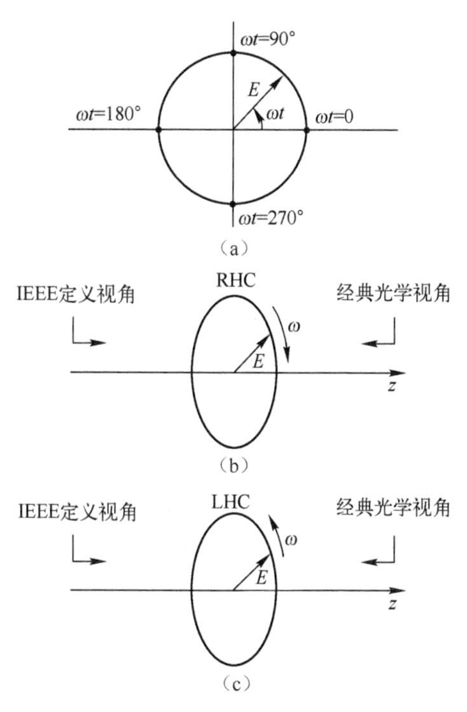

图 3.7　圆极化

假设式(3.10)表示的是 RHC 极化,则下列公式表示的是 LHC 极化:

$$\boldsymbol{E}_y = \hat{a}_y E\sin\omega t \tag{3.11a}$$

$$\boldsymbol{E}_x = -\hat{a}_x E\cos\omega t \tag{3.11b}$$

3) 椭圆极化

椭圆极化:电场矢量的末端轨迹是一个椭圆。

在通常情况下,电磁波呈现的是椭圆极化,椭圆极化电磁波的两个线性电场分量满足以下条件:

$$\boldsymbol{E}_y = \hat{a}_y E_y \sin\omega t \tag{3.12a}$$

$$\boldsymbol{E}_x = \hat{a}_x E_x \sin(\omega t+\delta) \tag{3.12b}$$

这里 E_y 和 E_x 一般不等,δ 是一固定相位。图 3.8 给出了一种极化椭圆形状图。

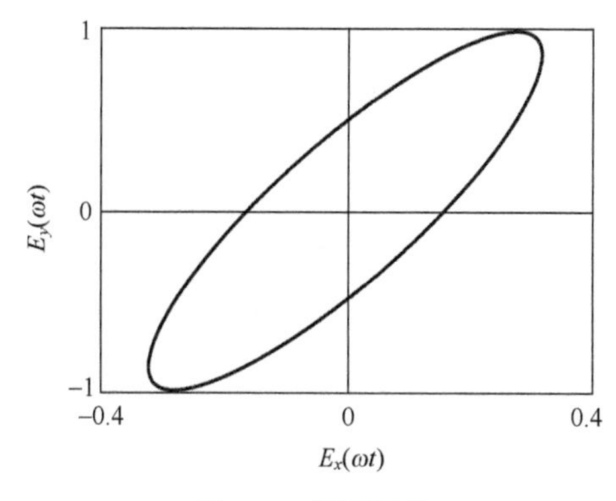

图 3.8　椭圆极化

椭圆极化波的轴比定义为椭圆的长轴与短轴之比值。

正交椭圆极化是指具有相同的轴比,但旋转方向相反的电波。

卫星通信链路采用的是线极化和圆极化,但是由于存在传输损耗使得以上极化方式变为椭圆极化。下面定义天线与极化类型的一些关系。

3.4.2 天线极化

发射天线的极化方式定义为它所发射的电磁波的极化方式,故水平偶极子将产生水平极化波,如果两个偶极子对称地成直角放在一起,馈送的电流幅度相同,相位相差90°,则将产生圆极化波,这可由式(3.10)和式(3.11)证明得到。因为圆极化本身的对称性,所以偶极子对并不需要沿着水平和垂直方向放置,而只需两者在空间上成直角放置即可。

接收天线的极化必须与电磁波的极化对齐,以达到最大的接收功率。天线的互易原理可以保证:当设计的发射天线在接收与其发射具有相同极化形式的电波时可以获得最大接收功率,而在接收与其发射极化相互正交的电波时获得的能量为零。所以,垂直偶极子的期望接收信号是垂直极化的,其正交信号是水平极化的。

当入射波是圆极化时,采用两个相互正交交叉的偶极子接收可获得最大的合成功率。由于正弦波的平均功率与其幅度的平方成正比,因此对于式(3.10)或式(3.11)给出的圆极化波,从每个分量接收到的功率与E^2成正比,总的功率是单个分量功率的2倍,正交交叉的两个偶极子可以接收到这个总的功率。对于单个偶极子,能够始终接收到圆极化波,但有3dB的损耗,这是因为单个偶极子只能接收到其中一个线性分量,所以其接收功率只有交叉偶极子的1/2。另外,由于圆极化波的对称性,偶极子只需放置在极化平面即可,其相对于x轴和y轴的位置不影响接收。

3.4.3 极化角

当接收的电磁波是线极化波时,为减小极化失配损失,地球站天线馈源极化面必须对准接收电磁波的极化面。卫星发射信号的极化面由卫星天线波束轴向方向和某一个参考方向决定:对于垂直极化,该参考方向垂直于赤道平面;对于水平极化,该参考方向平行于赤道平面。地球站的极化角ψ是指由地球站天线波束轴向方向与地球站所处位置的地垂线确定的平面与来波极化面之间的夹角。地球站的极化角可以由下式计算:

$$\cos\psi=\frac{\sin l\left(1-\frac{R_E}{r}\cos\phi\right)}{\sqrt{1-\cos^2\phi}\sqrt{1-2\frac{R_E}{r}\cos\phi+\left(\frac{R_E}{r}\right)^2\cos^2 l}} \tag{3.13}$$

式中:r为从卫星到地球中心的距离,$r=R_E+R_0$,其中,R_E为地球半径,$R_E=6378\text{km}$,R_0为对地静止卫星轨道高度35786km;$\cos\phi=\cos l\cos L$,其中l为地球站纬度,L为卫星相对经度。

对于对地静止卫星而言,认为卫星距离地球距离为无穷大,ψ可以由下式求得(误差小于 0.3°)：

$$\cos\psi=\frac{\sin l}{\sqrt{(1-\cos^2\phi)}} \tag{3.14}$$

该式等价于

$$\tan\psi=\sin L/\tan l \tag{3.15}$$

ψ 的取值如图 3.9 所示。

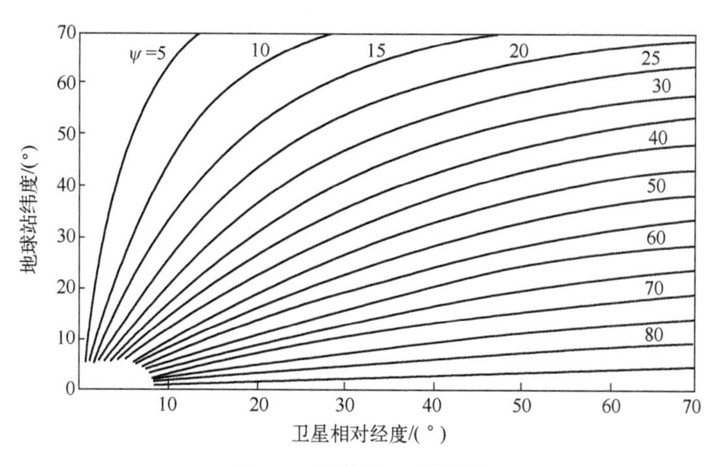

图 3.9　极化角 ψ 的取值

从图 3.9 可以看出，当卫星相对经度 $L=0°$ 时，极化角 $\psi=0°$。当地球站纬度 l 不变时，极化角 ψ 随着卫星相对经度 L 的增加而增加，且地球站纬度越高，极化角增加幅度越小。如在地球站纬度为 10°时，当卫星相对经度从 0°增加到 70°时，极化角可以从 0°增加到 80°；在地球站纬度为 60°时，随着卫星相对经度增加，极化角从 0°只能增大至 25°左右。当卫星相对经度 L 不变时，极化角 ψ 随着地球站纬度 l 的增加而减小，且卫星相对经度越低，极化角下降幅度越大。如在卫星相对经度为 10°时，当地球站纬度从 0°增加到 70°时，极化角从 80°左右下降至 5°；而在卫星相对经度为 70°时，相同情况下，极化角只从 80°下降至 20°。

3.4.4 交叉极化鉴别度

卫星与地球站之间的传播路径要穿过电离层，并且可能还要穿过上层大气层中的冰晶以及水汽，这些影响都可能改变传输中的电磁波极化方式，可能会从传输的电磁波中产生一个正交极化分量，这种现象称为去极化。当在利用正交极化来隔离信号区分时(如频率再使用)，去极化现象将引起干扰。

通常用交叉极化鉴别度(XPD)和极化隔离度两种方法度量极化干扰的影响。

1. 交叉极化鉴别度

参照图 3.10(a)给出的变量，假设传输电磁波的电场在进入引起去极化的媒质之前的幅度为 E_1，在接收天线处，其电场有两个分量：一个是同极化分量，幅度为 E_{11}；另一个是交叉极化分量，幅度为 E_{12}。

交叉极化鉴别度的定义为

$$XPD=20\log\frac{E_{11}}{E_{12}}(\mathrm{dB}) \tag{3.16}$$

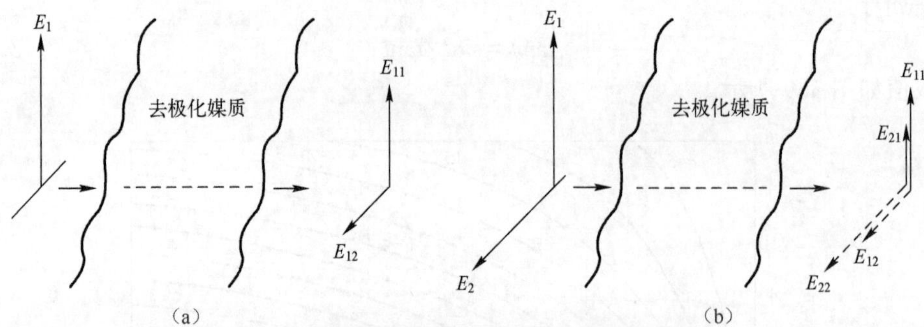

图 3.10 矢量定义交叉极化鉴别度和极化隔离度

(a) 交叉极化鉴别度;(b) 极化隔离度。

2. 极化隔离度

参照图 3.10(b)给出的变量来定义极化隔离度,假设有两个正交极化信号同时传输,幅度分别为 E_1 和 E_2,在通过去极化媒质后,两个电磁波信号都含有同极化分量和交叉极化分量,极化隔离度定义为接收到的同极化功率与交叉极化功率之比,这样同时也考虑了接收系统本身所引起的任何附加的去极化影响。由于接收功率与电场强度的平方成正比,因此极化隔离度定义为

$$I=20\log\frac{E_{11}}{E_{21}} \tag{3.17}$$

当传输信号具有相同的幅度($E_1=E_2$),并且接收系统引起的去极化可忽略时,I 和 XPD 的度量结果是一致的。

需要说明的是,图 3.10 给出的是线极化的情况,但关于 XPD 和 I 的定义适用于正交极化的其他系统。

3.4.5 影响极化因素

1. 电离层去极化

电离层的一个重要影响是对信号的极化产生旋转,即法拉第旋转效应。当线极化的电磁波穿过电离层时,它使得电离层中各层的自由电子发生运动。因为这些电子是在地球的磁场中运动,所以它们受到一种力(这种力与发电机中载流导体在磁场中受到的力一样)。电子运动的方向不再平行于电磁波的电场方向,同时这些电子又反作用于电磁波,最终的净效应是使得极化发生方向偏移,这种现象称为法拉第旋转效应。极化偏移的角度(法拉第旋转)与电磁波通过电离层路径的长度、电离区域的地球磁场强度以及电离区域的电子密度等因素有关。法拉第旋转与频率的平方成反比,在频率 10GHz 以上时,法拉第旋转可以忽略。

在 4GHz 时,法拉第旋转的最大值约为 9°。在 6GHz 时法拉第旋转的最大值约为 4°。

使用圆极化波可有效地对抗法拉第旋转的去极化影响，对于圆极化，法拉第旋转只是在总的旋转上简单地叠加一个法拉第偏移，而不对电场的同极化或交叉极化分量产生影响。但是，如果采用的是线极化，则天线上要安装极化跟踪设备。

2. 降雨去极化

由于最小能量（表面张力）的作用，使得雨滴的理想形状是一个球形。由于空气的阻力，小雨滴的形状接近球形，而大雨滴却更接近为下部有点平的扁球形，图 3.11（a）和（b）给出了这两种雨滴形状的概图。对于垂直下落的雨滴，其对称轴与本地铅垂线平行（图 3.11（b））；在实际情况下，由于空气的流动使得雨滴产生倾斜，而且这些倾斜角度是随机的（图 3.11（c））。

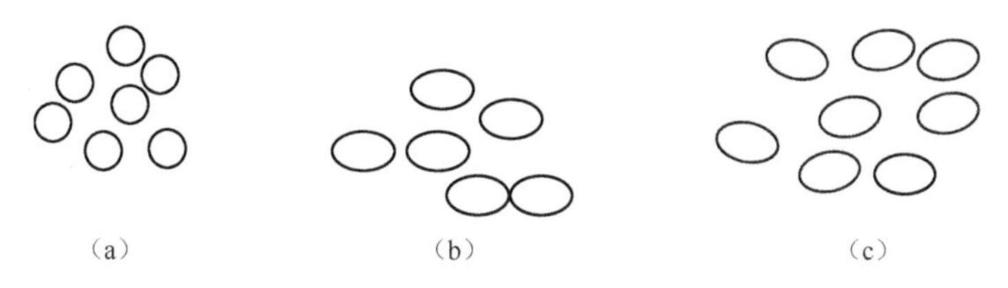

图 3.11　雨滴

（a）小球形；（b）空气阻力引起的扁球形；（c）空气流动力引起的随机角度倾斜。

线极化波可以分解为垂直极化和水平极化的两个分量，如图 3.12 所示，假设一电磁波的电场矢量与雨滴的长轴夹角为 τ，因为电场的垂直分量与雨滴的短轴平行，它经过雨水的路径要比水平分量短，所以两个电场分量受到的衰减和相位偏移都存在差别，从而引起电磁波的去极化，这两种差别分别称为差分衰减和差分相位偏移。对于图 3.12 所示的情况，电磁波在穿过雨滴后的极化角相对于进入雨滴前的极化角发生了变化，实验表明，差分相位偏移导致的这种去极化比差分衰减大得多。

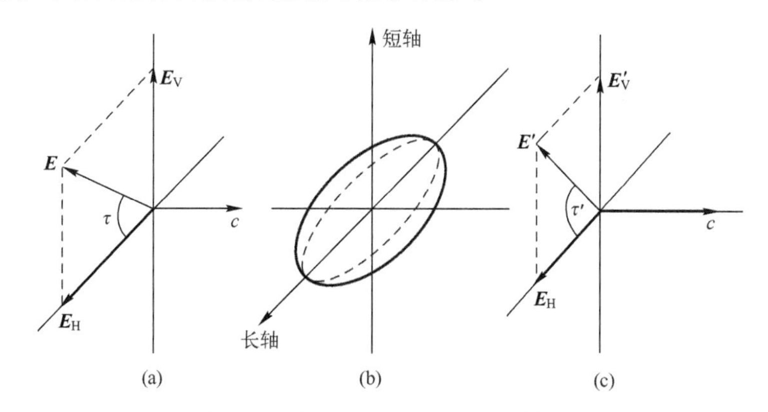

图 3.12　极化矢量与雨滴的长短轴关系

3. 冰晶去极化

如图 3.3 所示，冰晶层位于降雨区的顶部，冰晶的存在可导致去极化。实验表明，冰晶引起电磁波去极化的主要机制是差分相位偏移以及很小的差分衰减。这是因为冰与水相比是一种很好的电介质，引起的损耗很小。冰晶的形状主要是针形或片状，如果这些冰晶是随机排放，则影响较小；但是当它们对齐排列时，就会导致电磁波的去极化。

3.5 本章小结

卫星电磁波信号在传输时要穿过地球大气层,大气层中的气体、自由电子、离子等会对信号产生损伤。本章首先描述了晴朗天气下大气对电波传播的影响,包括大气吸收损耗、大气闪烁、电离层闪烁现象等;然后介绍降雨衰减的概念和计算,并对偶发天气情况如冰雹、冰晶和雪对信号的传播损伤做简单描述;最后介绍了与卫星通信相关的极化的知识,包括极化定义、方式、天线极化、极化角以及去极化现象。

习 题

1. 大气吸收损耗的两个峰值点分别是多少?
2. 说明降雨率的意义以及其与单位衰减的关系。
3. 在讨论降雨衰减时,引入有效路径长度有何意义。
4. 有哪几种常用的极化方式?
5. 解释极化角的概念。
6. 说明正交极化的意义以及这种定义在卫星通信中的重要性。
7. 说明交叉极化鉴别度的意义,并简要描述影响交叉极化鉴别度的因素。
8. 说明交叉极化鉴别度与极化隔离度之间的差别。
9. 什么是法拉第旋转效应?为什么法拉第旋转对圆极化波没有影响?
10. 说明降雨引起去极化的机制。

第4章 卫星通信链路设计

4.1 引　　言

链路设计在卫星通信系统设计中非常重要,决定了整个系统的性能。

卫星通信系统的链路包括从发端地球站到卫星接收端的上行链路、从卫星发射端到地球站接收端的下行链路和卫星转发器通道,如图4.1所示。

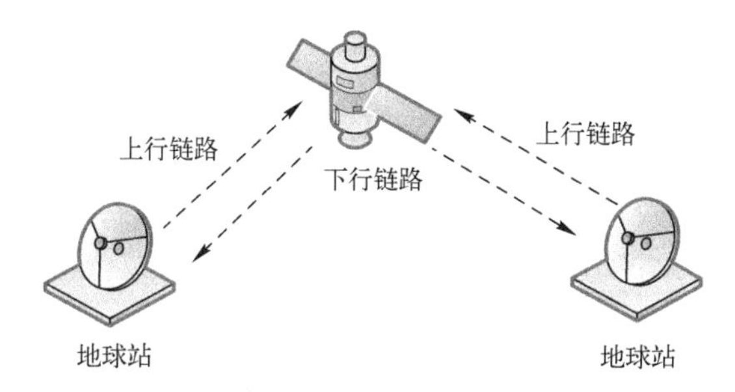

图4.1　卫星通信基本链路

通信链路设计首先需要考虑的是可靠性指标:对数字通信系统而言,该指标常用误比特率(BER)表示;对模拟通信而言,该指标常用信噪比表示。数字通信中的误比特率与信噪比密切相关,链路设计的主要任务围绕信噪比计算进行。由于信号功率等于调制时的载波功率,因此在卫星通信中常用载噪比来表示信噪比。

C/N 通常是在接收机输入端进行计算的。通常采用无噪声接收机模型,将伴随信号接收到的RF噪声和接收机产生的噪声等效到接收机输入端,对系统性能没有影响。整个卫星通信链路的性能由上行链路、下行链路和卫星转发器决定,因此总的 C/N 和上、下行链路与转发器均有关。在链路 C/N 计算中,由于转发器通道对系统性能的影响主要表现为互调噪声的计算,互调噪声通常以测量或估算的方式进行,因此,链路计算主要以上、下行链路的信噪比与总载噪比计算为主。另外,降雨会加重地球大气对信号的路径衰减,导致 C/N 降到最小许可值之下,特别是采用30/20GHz频段时,降雨可能会导致链路中断。因此,设计卫星通信系统时,不仅需要预先知道上行链路和下行链路所要达到的性能指标,而且需要知道电波传播特性、各地面站所采用频段上的降雨衰减情况以及卫星和地面站的特性参数等。

4.2　有效全向辐射功率

通常把地球发射天线或卫星天线在视轴方向上辐射的功率称为有效全向辐射功率(EIRP),其代表地球站或通信卫星发射系统的发射能力。设发射天线增益为 G,电磁波的发送功率为 P_t,那么有效全向辐射功率为

$$\mathrm{EIRP}=GP_t \tag{4.1}$$

EIRP 值表明了定向天线在最大辐射方向实际所辐射的功率,比全向辐射时在这个方向上所辐射的功率大 G 倍,这就是“有效”的含义。也可以将 P_t 单位改用 dBW,G 用 dB 为单位,那么根据分贝的定义,EIRP 的计算就由乘法变成了加法:

$$[\mathrm{EIRP}]=[P_t]+[G](\mathrm{dBW}) \tag{4.2}$$

例 4.1　工作频率为 12GHz 的卫星下行链路的发送功率为 6W,天线增益为 48.2dB。计算以 dBW 表示的 EIRP。

解:

$$[\mathrm{EIRP}]=[P_t]+[G]=10\lg6+48.2=56(\mathrm{dBW})$$

实际的发射装置中,发射机与天线之间有一段馈线,如图 4.2 所示。

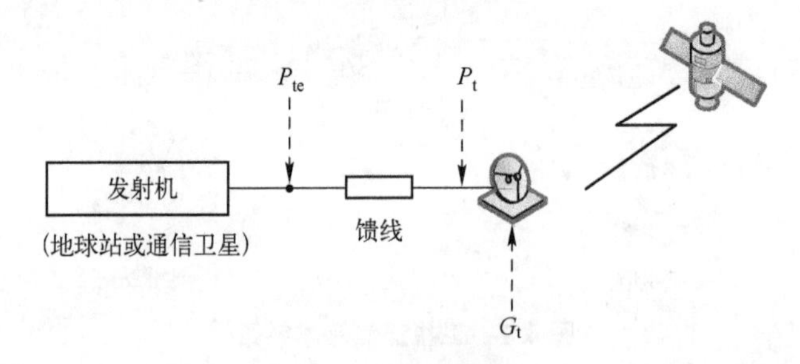

图 4.2　发射装置

设馈线的损耗为 L_F(馈线输入功率与输出功率的比值,$L_F>1$),发射机的输出功率为 P_{te},则

$$\mathrm{EIRP}=\frac{GP_{te}}{L_F}(\mathrm{W}) \tag{4.3}$$

也可以用分贝值来表示,即

$$[\mathrm{EIRP}]=[P_{te}]-[L_F]+[G](\mathrm{dBW}) \tag{4.4}$$

EIRP 表示与全向天线相比,发射端在最大天线增益方向上可以获得的发射功率。通常,卫星通信地球站和通信卫星的发射功率都采用 EIRP,它标志或代表着发射系统的发射能力。

4.3 传输损耗

4.3.1 自由空间传输损耗

大气层以外的自由空间(接近真空状态)是卫星传输的重要途径。电波在卫星通信的上行或下行线路中传输时,主要考虑自由空间传播损耗;此外,还应考虑大气损耗、天线跟踪误差和极化方向误差所引起的损耗等。由于电波主要是在大气层以外的自由空间传播的,大气层只占整个传输路径的很小一部分,因此,研究传输损耗时,首先研究自由空间的传播损耗,并以此为基础,把电波在大气层中引起的损耗及其他各种损耗考虑进去。人们通常说卫星信道是恒参信道,电波传播是很稳定的,这正是由于电波主要在大气层外的自由空间传播,并且在目前所使用的频段内,大气层传输损耗比自由空间传播损耗要小得多的缘故。

作为计算损耗的第一步,必须要考虑信号在空间扩散所引起的功率损失。根据式(2.16)可得接收天线的功率通量密度为

$$\psi_{M}=\frac{GP_{t}}{4\pi r^{2}}=\frac{\text{EIRP}}{4\pi r^{2}} \tag{4.5}$$

如图 4.3 所示的输入接收机的天线接收功率是功率通量密度乘以接收天线的有效口面面积 A_r。若接收天线的增益为 G_R,则接收功率为

$$P_{R}=\psi_{M}A_{r}=\frac{\text{EIRP}}{4\pi r^{2}}\ \frac{\lambda^{2}G_{R}}{4\pi}=(\text{EIRP})(G_{R})\left(\frac{\lambda}{4\pi r}\right)^{2} \tag{4.6}$$

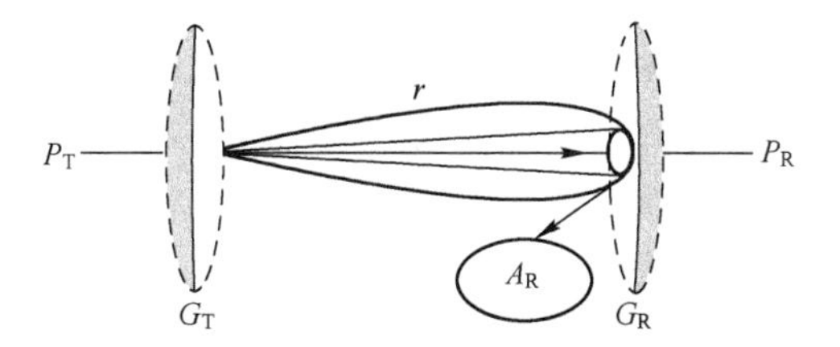

图 4.3　天线接收功率示意图

图 4.3 中:r 为发送天线和接收天线之间的距离;G_R 为接收天线的功率增益;下标 R 表示接收天线。

式(4.6)的右边可分成三项,它们分别与发送机、接收机以及自由空间距离有关。如果用分贝表示,则式(4.7)变为

$$[P_{R}]=[\text{EIRP}]+[G_{R}]-10\log\left(\frac{4\pi r}{\lambda}\right)^{2} \tag{4.7}$$

以 dBW 表示的接收功率就是以 dBW 表示的发送 EIRP 的值,加上以 dB 表示的接收天线增益值,再减去以 dB 表示的自由空间损耗值。以 dB 表示的自由空间损耗值计算如下:

$$[L_{FSL}]=10\log\left(\frac{4\pi r}{\lambda}\right)^2 \tag{4.8}$$

那么自由空间损耗为

$$L_{FSL}=\left(\frac{4\pi r}{\lambda}\right)^2 \tag{4.9}$$

式(4.7)可以改写为

$$[P_R]=[EIRP]+[G_R]-[L_{FSL}] \tag{4.10}$$

如果[EIRP]以dBW为单位,$[L_{FSL}]$以dB为单位,则接收功率$[P_R]$将以dBW为单位。式(4.10)既可以用于卫星线路中的上行链路,也可以用于下行链路。

通常,已知的是频率而不是波长,两者之间可以通过$\lambda=c/f$进行互换,其中$c=3\times10^8$m/s。以静止轨道卫星为例,自由空间损耗与频率的关系如图4.4所示。

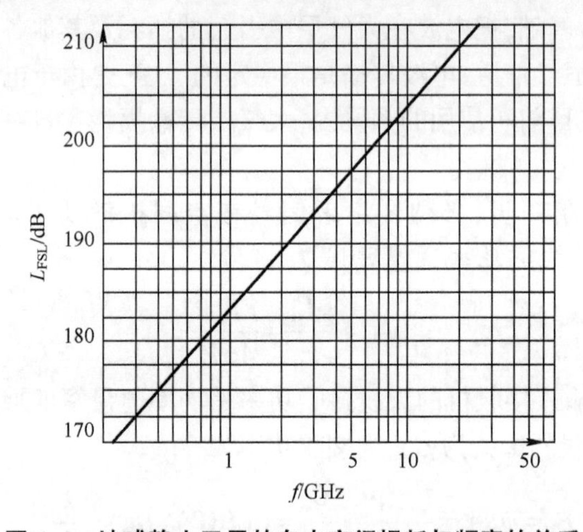

图4.4 地球静止卫星的自由空间损耗与频率的关系

当地球站位于静止轨道卫星的星下点时,和地面站之间的距离刚好等于静止轨道的高度,即$R=R_0=35768$km,自由空间损耗值是在200dB左右线性变化。对于其他位置的任何地球站,如果$R\neq R_0$,式(4.9)的值和图4.4距离参数r必须调整为$(R/R_0)^2$,由此得到

$$L_{FSL}=\left(\frac{4\pi R}{\lambda}\right)^2=\left(\frac{4\pi R_0}{\lambda}\right)^2\left(\frac{R}{R_0}\right)^2=L_{FSL}(R_0)\left(\frac{R}{R_0}\right)^2 \tag{4.11}$$

当频率单位为MHz,距离单位为km时,自由空间的损耗可以用下式计算:

$$[L_{FSL}]=32.4+20\log r+20\log f \tag{4.12}$$

当频率单位为MHz,距离单位为m时,自由空间的损耗可以用下式计算:

$$[L_{FSL}]=22+20\log r-20\log f \tag{4.13}$$

当频率单位为GHz,而距离单位为km,自由空间的损耗可以用下式计算:

$$[L_{FSL}]=92.45+20\log r+20\log f \tag{4.14}$$

例4.2 地球站和卫星之间的距离为42000km,计算在6GHz频率上的自由空间损耗。

解: $[L_{FSL}]=(32.4+20\log42000+20\log6000)=200.4(\text{dB})$

这是非常大的传输损耗。假设[EIRP]=56dBW(正如例4.1中对6W发送功率所计算的那样),接收天线增益为50dB,则接收功率为56+50−200.4=−94.4(dBW),即355pW。也可以表示为−64.4dBm,即比1mW的参考电平低−64.4dB。

式(4.10)表明,接收功率随着天线增益的增加而增加,而(引用)天线增益反比于波长的平方,由此可以得到通过增加工作频率(即减小波长)来增加接收功率。式(4.11)表明,自由空间损耗也反比于波长的平方,结果两个效果相抵消。因此,当[EIRP]为常数时,接收功率与工作频率无关。

如果给定的发送功率为常数,而EIRP不为常数,那么对于天线口径一定的发送机和接收机,接收功率是随着工作频率的增加而增加的,也就是说接收功率正比于频率的平方。

4.3.2 其他损耗

4.3.1节已经介绍了自由空间的传输损耗,但是在实际的卫星链路中,还存在四种损耗:馈线损耗,由连接波导、滤波器以及耦合器所产生;天线损耗,由天线没有对准所造成的指向损耗和极化方向误差所带来的损耗;大气吸收损耗,由大气里的微粒吸收电磁波所产生的损耗;电离层损耗,由电离层引入的去极化损耗。

1. 收发设备馈线损耗

接收天线和接收机之间,发送天线和发送设备之间的连接部分存在着一定的损耗(图4.5)。这类损耗由连接波导、滤波器以及耦合器产生。如果将这类馈线损耗记为发送馈线损耗[L_{FTx}]和接收馈线损耗[L_{FRx}],那么计算损耗时应该将馈线损耗的值与[L_{FSL}]相加。

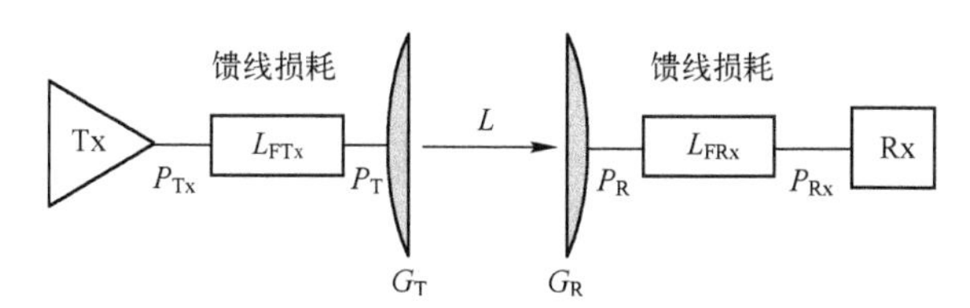

图4.5 收发设备的损耗示意图

如果设计天线的发射功率为P_T,那么在传输放大器的输出端的功率为P_{Tx},即

$$P_{Tx}=P_T L_{FTx}(\mathrm{W}) \tag{4.15}$$

以函数的形式来描述传输放大器额定功率输出,EIRP可以表示为

$$\mathrm{EIRP}=P_T G_T=\frac{P_{Tx}G_T}{L_{FTx}}(\mathrm{W}) \tag{4.16}$$

同样,接收机也存在馈线损耗,接收机端的接收功率可以表示为

$$P_{Rx}=\frac{P_R}{L_{FRx}}(\mathrm{W}) \tag{4.17}$$

2. 天线指向损耗

建立了卫星通信链路以后,理想情况是地球站天线和卫星天线都指向对端的最大增

益方向,但实际发射天线和接收天线一般存在指向偏差,如图4.6所示。这种天线指向偏差产生的损耗是天线增益相对于传输和接收时的最大增益的衰减,称为天线指向损耗,用$[L_{AML}]$表示。天线指向损耗通常只有零点几分贝,而天线指向损耗又可以分为两类:一是发送天线的天线指向损耗,用$[L_T]$表示;二是接收天线的天线指向损耗,用$[L_R]$表示。

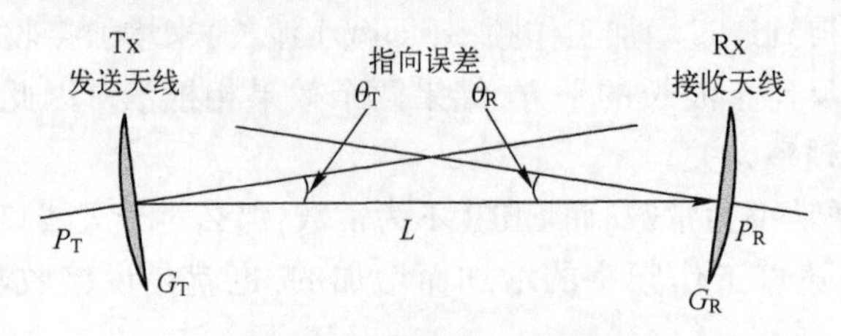

图4.6　天线的指向偏差

天线指向损耗是发射天线指向偏差角度θ_T和接收天线指向偏差角度θ_R的函数,公式如下:

$$[L_T]=12(\theta_T/\theta_{3dB})^2(\text{dB})$$

$$[L_R]=12(\theta_R/\theta_{3dB})^2(\text{dB})$$

应该指出,天线指向损耗必须要根据统计数据来估计,这些数据是基于对大量地球站进行实际观察后所得到的误差。当然,应该对上行链路和下行链路分别考虑天线的指向偏差损耗。

3. 极化误差损耗

由于天线的几何形状、馈源的偏焦和绕射现象,即使入射波是纯粹的某种线极化,在天线上仍会激励出正交极化的分量,其大小与入射波波前的偏离角度和抛物面的口径焦距比有关。电磁波传播介质和地面反射也会出现极化失真,因此,无论是天线上激励的或是外来的正交分量都要引起极化损耗,并带来跟踪误差。天线可能辐射非预定极化的电磁波,与之相应,预定极化称为主极化,非预定极化称为交叉极化(或寄生极化)。交叉线极化的方向与主线极化方向垂直,交叉圆极化的旋向与主圆极化的旋向相反。由于交叉极化要携带一部分能量,对主极化波而言它是一种损失,通常要设法消除。另外,收、发公用天线或双频公用天线利用主极化和交叉极化特性不同达到收、发隔离的目的。

在采用C频段(如4/6GHz)的卫星通信中,过去常用圆极化方式,以避免当线极化波通过电离层时,产生法拉第旋转效应,并引起极化方向偏转,从而导致接收质量下降的问题;并且上行与下行的极化旋转方向相反,有利于收发共用天线的极化隔离。世界卫星通信系统(IS)上行采用的是左旋圆极化波,即沿传播方向看去,电场强度矢量逆时针旋转;下行采用右旋圆极化波,也就是沿传播方向看去,电场强度矢量顺时针旋转。其他卫星通信系统也有上行右旋,下行左旋的。后来,为实现频率重复使用,又发展了双圆极化,即一个天线以相同的频率既发送左旋圆极化波传输一部分信息,又发送右旋圆极化波传输另一部分信息。应强调指出,由于极化变换器(使电波由波导的线极化变成圆极化,或相反的装置)的制造、安装、调整总会有一定误差。此外,降雨对电波不仅产生衰减,还会产生退极化作用。因此,实际上不可能真正做到圆极化,一般都是椭圆极化。椭圆形的长半轴和短半轴的电场强度之比称为轴比,用来表示圆极化的失圆程度。发送波的极化轴比记

作 X_T，接收波的极化轴比记作 X_R。

由于卫星姿态随时间变化、降雨以及收、发两端的设备不可能做得完全一致等因素的影响，无论在上行链路还是下行链路，不但 X_T 与 X_R 数值上不一样，两种椭圆轴的方向也不能保持一致，故存在一个夹角（通常以长半轴作为比较参考），且在一定范围内随机变化，因此，接收端极化变换器输出的线极化波的极化方向，与波导要求输入的极化方向就存有一定的偏离，从而产生了损耗，这种损耗称为极化误差损耗，用 $[L_{PL}]$ 表示。

应该指出，近年来各国发展的卫星通信系统中，有不少在 C 频段采用线性极化，这对于频率重复使用，即用相同的频率同时发一个水平极化波及一个垂直极化波，实现起来比较容易。至于线性极化波通过电离层所产生的法拉第旋转。其损耗与两对相同频率上的圆极化波退极化损耗相比不算太大，国内卫星通信系统星上天线的波束一般较窄，天线增益相对较高，足以补偿增加的损耗。当然，用极化跟踪装置更好。至于工作在 10GHz 以上频率时，如 K 频段，则一般选用线极化方式，因为在大雨期间圆极化波的退极化现象十分严重。

4. 大气损耗

前面研究的理想通信系统只考虑了自由空间传播损耗，实际上还有许多其他因素会造成信号能量在传输过程中的损耗。例如，电波在大气中传输时，要受到电离层中自由电子和离子的吸收，受到对流层中氧分子、水蒸气分子和云、雾、雨、雪等的吸收和散射，从而形成损耗。在链路计算中，用 $[L_A]$ 表示大气的吸收损耗。

4.4 接收信号功率

4.4.1 上行接收功率

若地球站发射天线的直径 $D=4\text{m}$，天线的供电功率 $P_T=100\text{W}$，即 20dBW，上行频率 $f_U=14\text{GHz}$。发射天线将这种能量辐射到地球静止卫星上，该卫星位于距天线轴线 40000km 的位置。卫星接收天线的波束具有宽度 $\theta_{3\text{dB}}=2°$。假设地球站位于由卫星天线覆盖的区域的中心位置，则受益于该天线的最大增益。假定卫星天线的效率 $\eta=0.55$，地球站的天线效率 $\eta=0.6$。位于地球站天线视轴的卫星的功率通量密度计算如下：

$$\psi_M=\frac{P_T G_T}{4\pi R^2}(\text{W/m}^2) \tag{4.18}$$

地球站的天线增益为

$$G_T=\eta\left(\frac{\pi D}{\lambda_U}\right)^2=\eta\left(\frac{\pi f_U}{c}\right)^2=0.6\left(\pi\times4\times14\times\frac{10^9}{3}\times10^8\right)^2$$

$$[G_T]=53.1\text{dB}$$

地球站的有效全向辐射功率为

$$[\text{EIRP}]_{ES}=[P_T]+[G_T]=53.1\text{dB}+20\text{dBW}=73.1\text{dBW}$$

功率通量密度为

$$[\psi_M]=[P_T G_T]-10\log(4\pi R^2)=73.1\text{dBW}-10\log(4\pi\,(4\times10^7)^2)=-89.0(\text{dBW/m}^2)$$

由式(4.10)可得卫星天线的接收功率 dBW 为

$$[P_{\mathrm{R}}]=[\mathrm{EIRP}]+[G_{\mathrm{R}}]-[L_{\mathrm{FSL}}]$$

自由空间损耗为

$$[L_{\mathrm{FSL}}]=\left(\frac{4\pi D}{\lambda_{\mathrm{U}}}\right)^2=\left(\frac{4\pi f_{\mathrm{U}}}{c}\right)^2=207(\mathrm{dB})$$

卫星的接收天线增益由式(2.18)可得,$G_{\mathrm{R}}=\eta\left(\frac{\pi D}{\lambda_{\mathrm{U}}}\right)^2$,而$\frac{D}{\lambda_{\mathrm{U}}}$可以由 $\theta_{3\mathrm{dB}}=70\left(\frac{D}{\lambda_{\mathrm{U}}}\right)$计算得到,即

$$\frac{D}{\lambda_{\mathrm{U}}}=\frac{70}{\theta_{3\mathrm{dB}}}$$

$$G_{\mathrm{R}}=\eta\left(\frac{70\pi}{\theta_{3\mathrm{dB}}}\right)^2=6650$$

故$[G_{\mathrm{R}}]=38.2\mathrm{dB}$。

通过上式可知,在天线的波束宽度内,即在卫星天线的覆盖范围内,接收天线的增益并不依赖于信号的频率。最后在不考虑其他损耗的条件下,可得

$$[P_{\mathrm{R}}]=[\mathrm{EIRP}]+[G_{\mathrm{R}}]-[L_{\mathrm{FSL}}]=73.1+38.2-207.4=-96.1(\mathrm{dBW})$$

也可以表示为 0.25nW 或 250pW。

4.4.2 下行接收功率

假设静止轨道卫星的发射天线的功率 $P_{\mathrm{T}}=10\mathrm{W}$,即卫星下行发射信号的频率 $f_{\mathrm{D}}=12\mathrm{GHz}$ 时,发射功率为 10dBW,波形的辐射宽度 $\theta_{3\mathrm{dB}}=2°$,地球站位于卫星天线的轴线上,距离卫星约 40000km,并装配有直径为 4m 的接收天线,卫星天线的效率 $\eta=0.55$,地球站的天线效率 $\eta=0.6$。在卫星波束覆盖范围内的地球站的功率通量密度计算如下:

$$\psi_{\mathrm{M}}=\frac{P_{\mathrm{T}}G_{\mathrm{T}}}{4\pi R^2}(\mathrm{W/m^2}) \tag{4.19}$$

由于波束宽度相同,卫星天线的增益在传输中与接收时的增益相同(这需要卫星上有两个独立的天线,直径不能相同并且符合比例为$f_{\mathrm{U}}/f_{\mathrm{D}}=14/12=1.17$),因此

$$[\mathrm{EIRP}]_{\mathrm{SL}}=[P_{\mathrm{T}}]+[G_{\mathrm{T}}]=38.2\mathrm{dB}+10\mathrm{dBW}=48.2\mathrm{dBW}$$

功率通量密度为

$$[\psi_{\mathrm{M}}]=48.2\mathrm{dBW}-10\log(4\pi\ (4\times10^7)^2)=-114.8(\mathrm{dBW/m^2})$$

由式(4.10)可得,地球站天线接收的功率为$[P_{\mathrm{R}}]=[\mathrm{EIRP}]+[G_{\mathrm{R}}]-[L_{\mathrm{FSL}}](\mathrm{dBW})$

自由空间损耗为

$$L_{\mathrm{FSL}}=\left(\frac{4\pi D}{\lambda_{\mathrm{U}}}\right)^2=\left(\frac{4\pi f_{\mathrm{U}}}{c}\right)^2,故[L_{\mathrm{FSL}}]=206.1(\mathrm{dB})$$

卫星的接收天线增益为

$$G_{\mathrm{R}}=\eta\left(\frac{\pi D}{\lambda_{\mathrm{U}}}\right)^2=0.6(\pi\times4/0.025)^2,故[G_{\mathrm{R}}]=51.8(\mathrm{dB})$$

在不考虑其他损耗的条件下,最后可得

$$[P_R]=[\mathrm{EIRP}]+[G_R]-[L_{FSL}]=48.2+51.8-206.1=-106.1(\mathrm{dBW})$$

总之链路预算中所有的参量可以采用分贝表示形式，这样信号和噪声功率只需要通过加减计算即可。卫星接收功率的链路计算是一个需要考虑很多因素的过程，利用接收功率链路预算可以简化设计和计算的过程，因为一旦建立了某个接收功率的链路预算方程，任何参数发生变化时都可以很容易地重新计算出结果。如果考虑链路传输中的其他损耗，则接收端的接收功率，由式(4.6)可得

$$\begin{aligned}P_R&=(P_{Tx}G_T/L_{FTx})(1/L_{FSL}L_A)(G_R/L_{FRx}L_{AML}L_{PL})\\&=\mathrm{EIRP}\times(1/L_{FSL}L_AL_{FRx}L_{AML}L_{PL})\times G_R\end{aligned}\tag{4.20}$$

式中：$P_{Tx}G_T/L_{FTx}$ 为发射机的 EIRP；$L=L_{FSL}L_AL_{FRx}L_{AML}L_{PL}$ 为总的链路传输损耗；G_R 是接收天线的增益。

则式(4.20)可以写为

$$P_R=\frac{\mathrm{EIRP}\cdot G_R}{L}\tag{4.21}$$

接收功率用分贝值表示的计算式为

$$\begin{aligned}[P_R]&=[\mathrm{EIRP}]+[G_R]-[L]\\ [L]&=[L_{FSL}]+[L_{FRx}]+[L_{AML}]+[L_A]+[L_{PL}]\end{aligned}\tag{4.22}$$

式中：$[P_R]$ 为接收功率(dBW)；[EIRP] 为有效全向辐射功率(dBW)；$[L_{FSL}]$ 为自由空间传播损耗(dB)；$[L_{FRx}]$ 为接收机的馈线损耗(dB)；$[L_{AML}]$ 为天线指向误差损耗(dB)；$[L_A]$ 为大气吸收损耗(dB)；$[L_{PL}]$ 为极化误差损耗(dB)。

链路功率预算方程是进行卫星设计和性能评估所依据的基本方程。在实际工程设计中，通常运用式(4.22)和其他一些损耗参数计算通信链路的接收功率，并以分贝为单位的形式表示。这样对于系统设计者来说，可以方便地调整一些参数并快速计算出接收功率的大小。

例 4.3 工作频率为 14GHz 的卫星链路，其接收机馈线损耗为 1.5dB，自由空间损耗为 207dB，大气吸收损耗为 0.5dB，天线指向损耗 0.5dB，去极化损耗可以忽略。计算晴天条件下总的链路损耗。

解：总的链路损耗应该是所有损耗的和：

$$[L]=[L_{FSL}]+[L_{FRx}]+[L_{AML}]+[L_A]=207+1.5+0.5+0.5=209.5(\mathrm{dB})$$

4.5 噪声功率

4.5.1 噪声的来源与分类

正如其他的通信系统一样，卫星通信系统在整个链路过程也会存在各种各样的噪声，按噪声的来源可以分：系统内部的热噪声、无线信道通过天线输入的外界噪声和互调噪声，如图 4.7 所示。

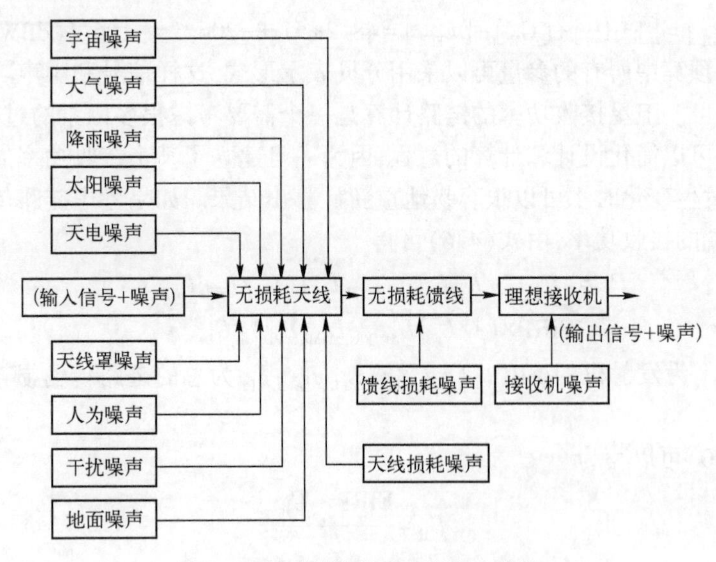

图 4.7　地球站接收系统的噪声来源

1. 系统内部的热噪声

系统内部的热噪声是通信系统中各种器件的电子随机热运动所产生的噪声,表现为电阻特性。通常来讲,放大器、变频器、接收机这类带电工作的模块比天线、波导、馈线等不带电模块的热噪声要大得多。对于接收机来说,接收天线收到卫星转发的信号同时,还接收到大量的噪声。其中:有些是由天线从其周围辐射源的辐射中接收到的,如宇宙噪声、大气噪声、降雨噪声、太阳噪声、天电噪声、地面噪声等,若天线盖有罩子,则还有天线罩的介质损耗引起的噪声,这些噪声与天线本身的热噪声合在一起统称天线噪声;有些噪声则是伴随信号一起从卫星发出的,包括发射地球站、上行链路、卫星接收系统的热噪声,以及多载波工作时卫星及发射地球站的非线性器件产生的互调噪声等;有些是干扰噪声(如人为噪声、工业噪声),不过其频谱多在 120MHz 以下,因而对工作于微波波段的卫星通信来说其影响可忽略不计。

天线与接收机之间的馈线通常是波导或同轴电缆,由于它们是有损耗的,因此信号通过时会附加一些热噪声;而接收机中,线性或准线性部件放大器、变频器等会产生热噪声、散弹噪声;线路的电阻损耗会引起热噪声。以上这些都是接收系统内部噪声。解调器是一种非线性变换部件,虽然它本身也会产生噪声,但由于对整个接收系统的噪声贡献不大,故系统分析时一般认为其是理想的,或把其噪声归算到接收机的整体噪声中而忽略不计。

如何使接收系统的噪声尽可能降低,使信号与噪声的功率比能满足使用者的要求而又不显著增加成本及设备的复杂性,是设计卫星通信链路的主要问题之一。

2. 无线信道通过天线输入的外界噪声

无线信道通过天线输入的外界噪声主要是宇宙噪声、大气噪声、降雨噪声、太阳噪声、天电噪声、地面噪声,以及一些邻近星、站的干扰噪声等。来自自然噪声源和人为噪声源的射频噪声可能会进入卫星通信系统的传输路径。大气中与传输无线电波相互作用的任何介质,不仅会造成信号幅度的降低(衰减),也会成为一个热噪声功率辐射源。与此有关的噪声称为射频噪声或天空噪声,它将直接提高系统接收天线的噪声温度。对于极低噪声的通信接收机,射频噪声将成为限制系统性能的主要因素。产生射频噪声的噪声源众多,包括自然(地球和地球外)的和人为的噪声源。

地球噪声源包括大气气体(氧气和水蒸气)的辐射、水汽凝结体(雨和云)的辐射、闪电放电的辐射(由闪电造成的大气噪声)、地面或天线波束内其他障碍的二次辐射。

地球外噪声源包括宇宙背景噪声、太阳和月球辐射、天体射电源的辐射(射电星)。

人为噪声源包括电力器械、电子和电气设备的无意辐射、输电线、内燃机点火、其他通信系统的辐射。

3. 互调噪声

互调噪声是由于卫星转发器的非线性特性所引起的,当输入多个载波信号时,这种非线性特性会相互调制产生新的频率成分,落入信号频带内形成干扰,称为互调噪声。卫星转发器目前几乎都是用行波管功率放大器作为其发射部件的,它的输入与输出特性(输入功率与输出功率的关系曲线)是非线性的;并且在多载波工作时,若多载波总输入功率等于某单载波输入功率,则其输出总功率会小于单载波的输出功率,它的相位特性(输出与输入之间的相位差对信号输入功率的关系曲线)也是非线性的,如图 4.8(a)所示。当输入多个载波信号时,由于这种非线性它们会相互调制产生新的频率成分,落入信号频带内形成干扰,称为互调噪声;落入信号频带外的可能对邻近频道形成干扰。在卫星通信系统中,特别是采用“频分多址”(各地球站发送不同频率的载波以区别地址)体制时,互调噪声是一个突出的问题,在线路计算时必须充分考虑。这里简单的提到一点,就是如果将工作点选择在靠近线性区,就可减少互调噪声。图 4.8(b)上工作点是指多载波情况。在单载波工作时,其工作点也可不在饱和处。输入补偿、输出补偿的概念同样适用于单载波工作的场合。此外,坐标的功率刻度也可用[EIRP]刻度。

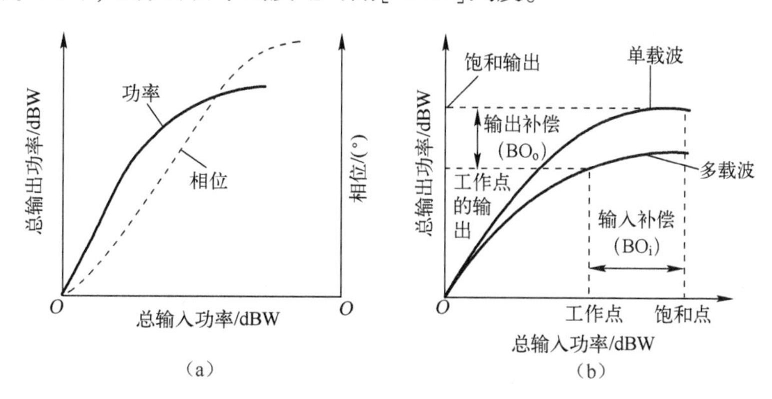

图 4.8 行波管放大器的特性以及补偿的含义

4.5.2 噪声的描述

卫星通信中,无论是有源的器件(如放大器、变频器),还是无源的器件(如滤波器),其内部总是会不同程度地产生噪声的。

如图 4.9 所示，有害的噪声功率是指附加在调制载波带宽 B 范围内的噪声功率。最常见的噪声是白噪声，其功率谱密度 N_0(W/Hz)是常数。在接收机的带宽 B_N($B_N=B$)中收到的噪声功率为 N(W)，可以通过下式计算：

$$N=N_0B_N(\mathrm{W}) \tag{4.23}$$

实际噪声源并不总是具有恒定的功率谱密度，式(4.23)表示在有限带宽上观察到的实际噪声。

1. 噪声源的噪声温度

如果噪声源提供可用噪声功率谱密度为 N_0，那么其噪声温度为

$$T=\frac{N_0}{k}(\mathrm{K}) \tag{4.24}$$

式中：k 为玻耳兹曼常数，$k=1.38\times10^{-23}$ J/K $=-228.6$dBW/(Hz · K)；T 为电阻的热力学温度，此时电阻可以认为是一个正在发送可用噪声功率的噪声源(图 4.10)。可用噪声功率是指噪声源向一个阻抗匹配的器件发送的噪声功率。

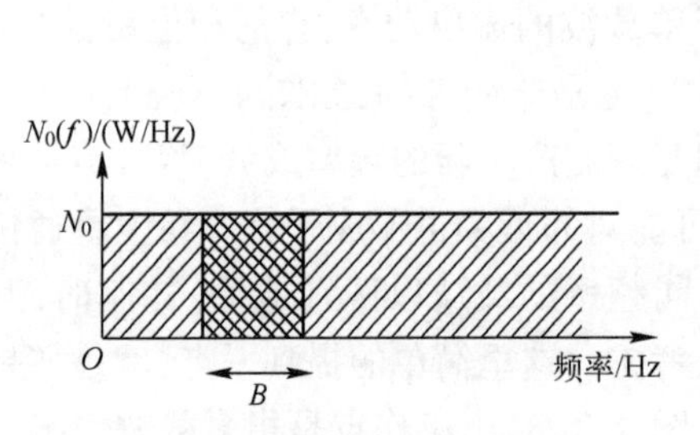

图 4.9 白噪声的谱密度

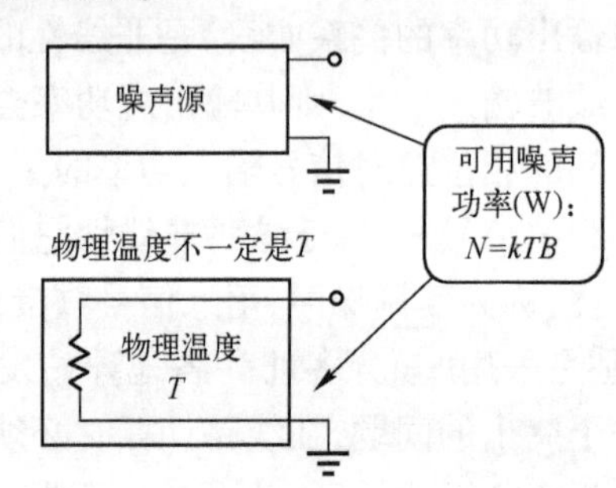

图 4.10 噪声源的噪声温度定义

2. 等效噪声温度

器件的等效噪声温度是指把器件产生的噪声等效为在器件输入端的电阻作为噪声源产生的噪声，电阻产生的噪声通过器件后输出的噪声与器件实际输出的噪声相等(图 4.11)。此时，电阻的噪声温度(热力学温度)称为器件的等效噪声温度，用 T_e 表示。

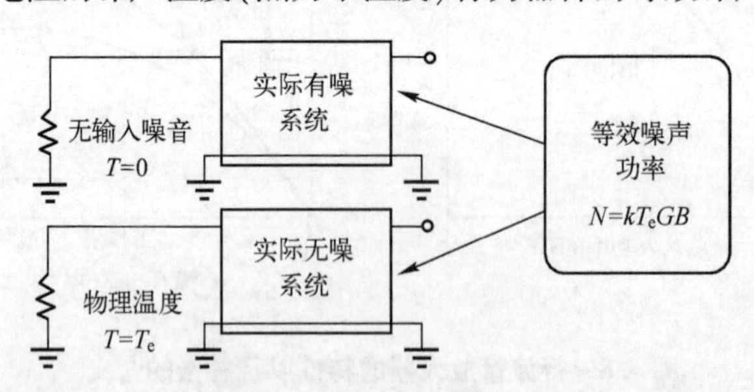

图 4.11 器件的等效噪声输入温度(G 为系统功率增益)

当噪声温度等于室温($T_0=290$K)时，器件的噪声系数是指器件输出端的总噪声功率与器件输入端的噪声源所产生的噪声功率之比。

假设器件的增益为 G，信号带宽为 B，噪声源的温度为 T_0，总的输出功率为 $GK(T_e+T_0)B$。其中，来自噪声源的部分为 GKT_0B。则噪声系数为

$$F=\frac{GK(T_e+T_0)B}{GKT_0B}=\frac{T_e+T_0}{T_0}=1+\frac{T_e}{T_0} \tag{4.25}$$

即 $T_e=(F-1)T_0$,这说明噪声系数和噪声温度之间是等价的(图 4.12)。为了方便,在实际卫星接收系统中,噪声温度用于规定低噪声放大器和变频器,而噪声系数用于规定主要的接收机单元。

噪声系数通常用 dB 来表示,即$[F]=10\log F$。

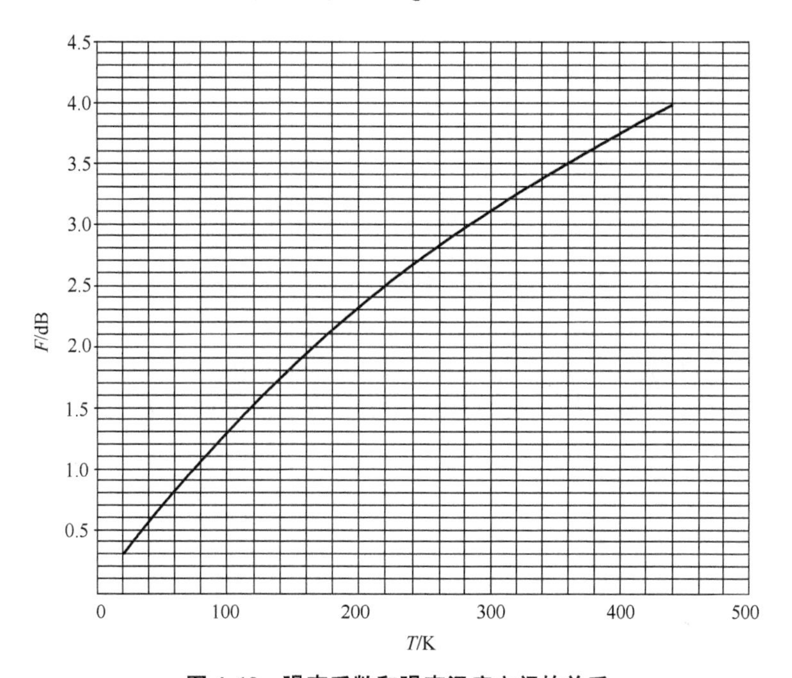

图 4.12　噪声系数和噪声温度之间的关系

3. 衰减器的等效噪声温度

衰减器的温度为 T_{ATT},通常为室温。设为 L_{ATT} 为衰减器引起的衰减,那么衰减器的等效输入噪声温度为

$$T_e=(L-1)T(\mathrm{K}) \tag{4.26}$$

如果 $T=T_0$,通过比较式(4.25)和式(4.26),可以得到衰减器的噪声系数 $F=L$,这说明室温下衰减器的噪声系数等于该衰减器的功率损耗。

4. 级联器件的等效噪声温度

放大器的级联如图 4.13 所示,此时的总增益为

$$G=G_1G_2 \tag{4.27}$$

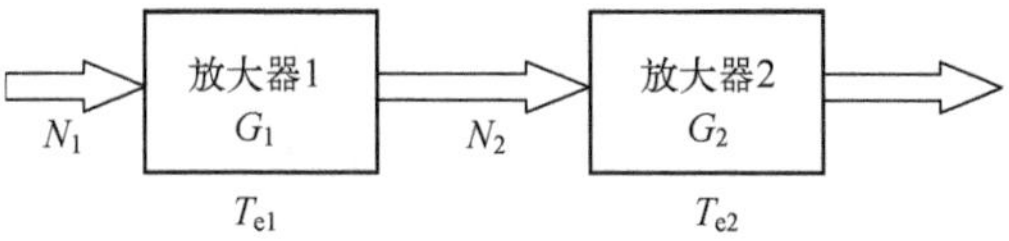

图 4.13　放大器的级联

放大器 2 的内部噪声等效到它的输入端时为 kT_{e2}。由前一级放大器输入到放大器 2 的噪声为 G_1kT_{e1},因此放大器 2 的输入总噪声为

$$N_2 = G_1kT_{e1} + kT_{e2} \tag{4.28}$$

可以认为在放大器 1 的输入端输入的噪声能量就是式(4.28)除以放大器 1 的有效增益,即

$$N_1 = \frac{N_2}{G_1} = k\left(T_{e1} + \frac{T_{e2}}{G_1}\right) \tag{4.29}$$

若将系统噪声温度定义为 T_e,则有

$$N_1 = kT_S \tag{4.30}$$

显然可得

$$T_e = T_{e1} + \frac{T_{e2}}{G_1} \tag{4.31}$$

这是一个很重要的结果,它表明第二级放大器的噪声温度除以第一级的增益就得到该噪声在第一级放大器输入端所表现的噪声温度。因此,为了使整个系统的噪声尽可能低,第一级放大器(通常为 LNA)的增益要尽量高,而噪声温度要尽量低。

由此考虑 N 个四口器件级联在一起,每个器件 j 的功率增益为 $G_j(j=1,2,\cdots,N)$,由此可得总的等效输入噪声温度为

$$T_e = T_{e1} + T_{e2}/G_1 + T_{e3}/G_1G_2 + \cdots + T_{iN}/G_1G_2\cdots G_{N-1}(\mathrm{K}) \tag{4.32}$$

由(4.32)可得噪声系数为

$$F = F_1 + (F_2-1)/G_1 + (F_3-1)/G_1G_2 + \cdots + (F_N-1)/G_1G_2\cdots G_{N-1} \tag{4.33}$$

5. 接收机的等效噪声温度

图 4.14 示出了接收机结构。由式(4.31)可得接收机的等效输入噪声温度为

$$T_{eRX} = T_{LNA} + T_{MX}/G_{LNA} + T_{IF}/G_{LNA}G_{MX}(\mathrm{K}) \tag{4.34}$$

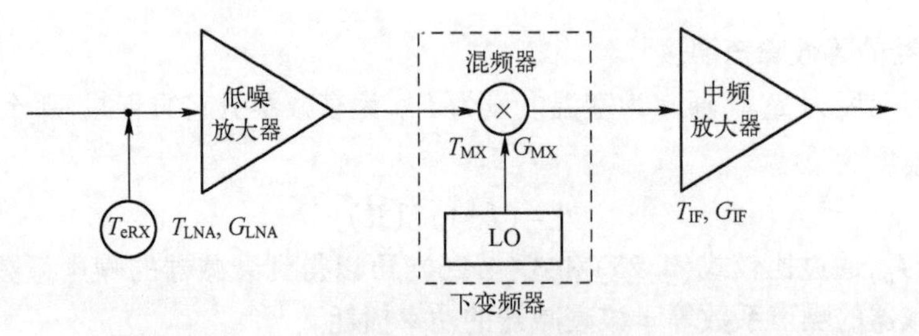

图 4.14　接收机结构

假设低噪放大器(LNA)的参数为 $T_{LNA}=150\mathrm{K}$,增益为 50dB,即 $G_{LNA}=10^5$;混频器(MIXER)的参数为 $T_{MX}=850\mathrm{K}$,增益为 −10dB,即 $G_{MX}=10^{-1}(L_{MX}=2)$;中频放大器(IF AMP)参数为 $T_{IF}=400\mathrm{K}$,增益为 30dB,即 $G_{IF}=10^3$。那么可得

$$\begin{aligned} T_{eRX} &= 150 + 850/10^5 + 400/10^5 \times 10^{-1} \\ &= 150(\mathrm{K}) \end{aligned}$$

注意,低噪声放大器的高增益的优势将接收机的噪声温度 T_{eRX} 限制为低噪声放大器 T_{LNA} 的温度。

4.5.3 天线的等效噪声温度

天线会在天线的辐射方向图内吸收来自辐射体的噪声。天线输出的噪声取决于其指向、辐射方向图以及周围环境的状态。假设天线是噪声源,其产生噪声温度可以称为天线的噪声温度,用 T_A 表示。

设 $T_b(\theta,\varphi)$ 为辐射体在 (θ,φ) 方向上的亮度温度,此方向的天线增益为 $G(\theta,\varphi)$。在天线的辐射方向图上所有辐射体的亮度温度组成了天线的噪声温度。因此,天线的噪声温度为

$$T_A = (1/4\pi)\iint T_b(\theta,\varphi)G(\theta,\varphi)\sin\theta \mathrm{d}\theta \mathrm{d}\varphi(\mathrm{K}) \tag{4.35}$$

式中:$T_b(\theta,\varphi)$ 为在 (θ,φ) 方向上的天空的噪声温度。

这里有上行链路(主要考虑卫星天线的噪声温度)和下行链路(主要考虑地球站天线的噪声温度)两种情况。

1. 卫星天线的等效噪声温度(上行链路)

天线捕获的噪声是来自地球和外太空的噪声。卫星天线的波束宽度等于或小于卫星的地球视角,如对地静止卫星的波束宽度为 17.5°。在这种情况下,卫星天线噪声温度的主要贡献是来自地球。波束宽度 $\theta_{3dB}=17.5°$,卫星天线噪声温度取决于频率和卫星的轨道位置,如图 4.15 所示。

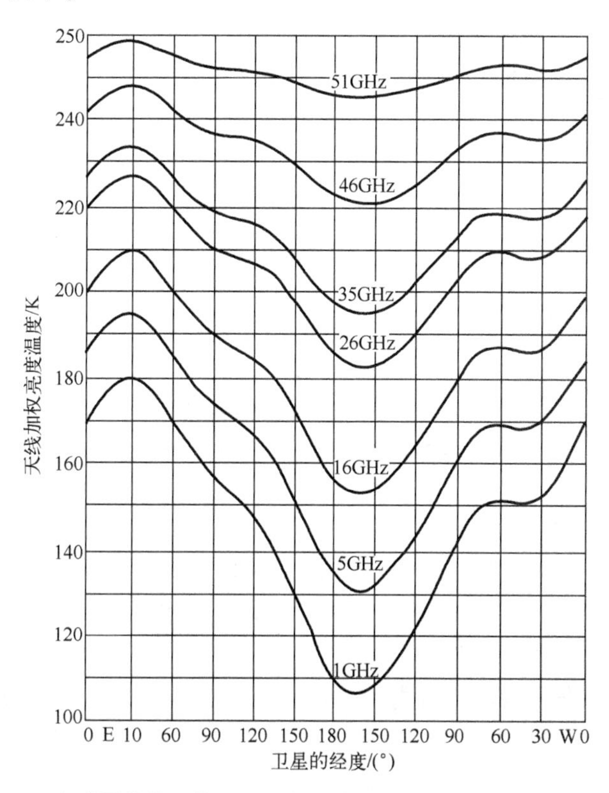

图 4.15 全球覆盖范围的卫星天线噪声温度与频率和轨道位置的关系

对于较小的波束宽度(点波束)的卫星天线,其噪声温度取决于频率和覆盖区域。大陆比海洋发出更多的噪声,如图 4.16 所示。对于精度要求不高的计算,可以将卫星天线的噪声温度设为 290K 作为保守值。

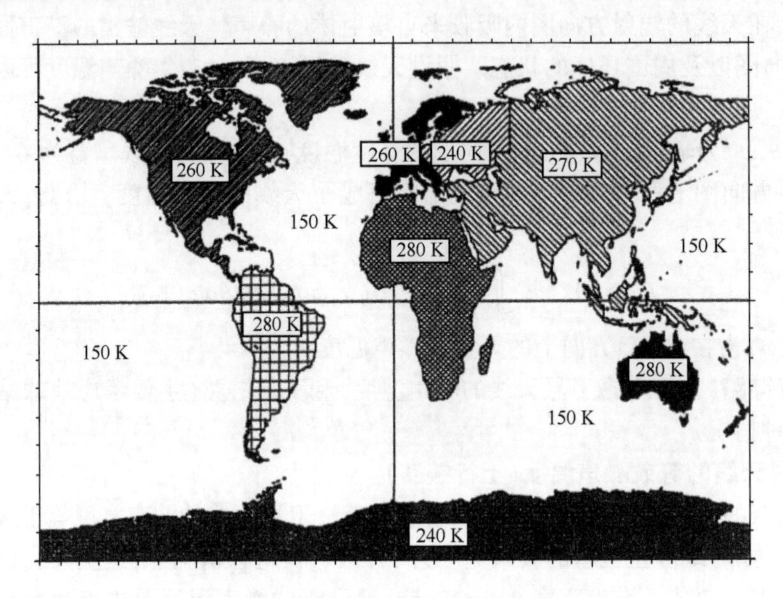

图 4.16　在 Ku 频段下地球的亮度温度

2. 地球站天线的等效噪声温度(下行链路)

地球站天线捕获的噪声来自天空的噪声和地球辐射的噪声,如图 4.17 所示。

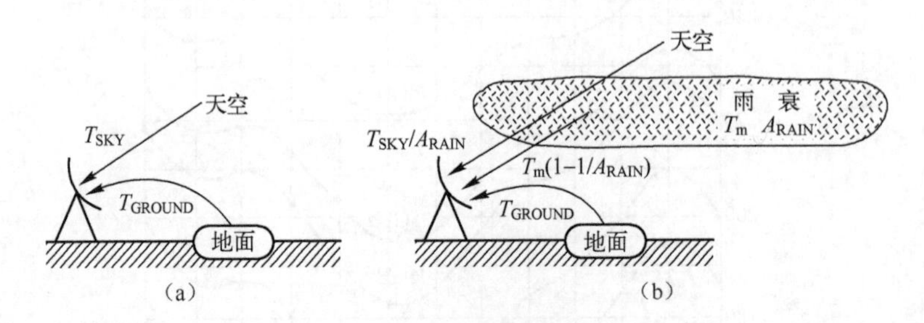

图 4.17　地球站噪声温度

(a)晴朗天空条件;(b)有降雨的条件。

1)“晴朗”天气条件

在频率大于 2GHz 的条件下,天线温度最大的来源是大气的非电离区域,该区域是吸收性介质,属于噪声源。在没有复杂气象条件(称为“晴朗”)的情况下,天线噪声温度包含天空和周围地面的影响,如图 4.17(a)所示。

天空对天线噪声温度的影响由式(4.35)可以得到。实际上,由于增益仅在(θ,φ)方向上具有较高的值,因此只有在天线视轴方向上会产生对天线噪声温度主要的影响。总之,晴朗天空的噪声 T_{SKY} 可以被有一定仰角的地球站天线所吸收。图 4.18 示出了晴空噪声温度与频率和仰角的关系。

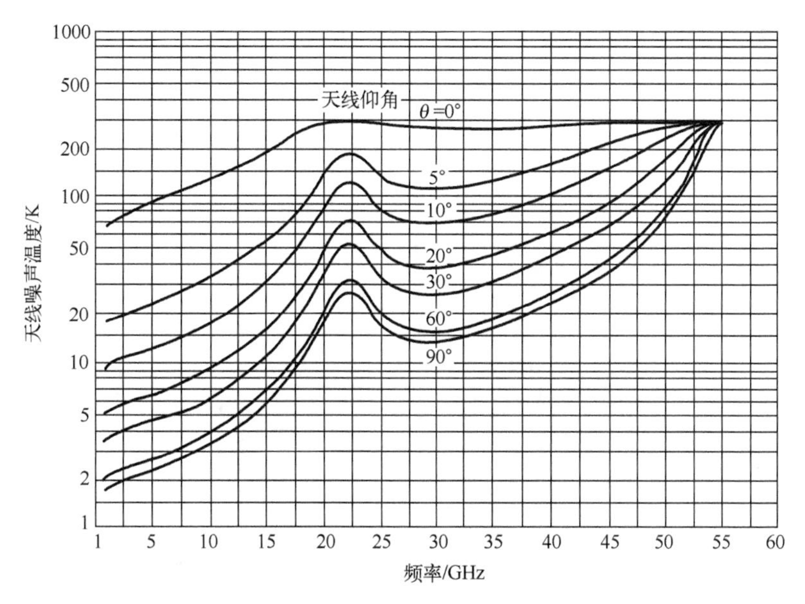

图 4.18　天线噪声温度与天线仰角和频率之间的关系

当仰角较小时,来自地球站附近地面的辐射被天线辐射方向图的旁瓣捕获,部分被主瓣捕获。每个瓣的捕获的地面辐射对天线噪声的影响取决于

$$T_i = G_i(\Omega_i/4\pi)T_{\mathrm{GROUND}}$$

式中:G_i 为固定角度 Ω_i 的波瓣的平均增益;T_{GROUND}为地面的噪声温度。T_{GROUND}的在不同仰角情况下的估计值为 290K($E<-10°$)、150K($-10°<E<0°$)、50K($0°<E<10°$)、10K($10°<E<90°$)。

晴朗天气下,地球站天线的噪声温度为

$$T_{\mathrm{A}} = T_{\mathrm{SKY}} + T_{\mathrm{GROUND}}(\mathrm{K}) \tag{4.36}$$

2) 下雨的天气条件

天线的噪声温度由于一些特殊的天气条件的影响会升高,如云层和降雨,如图 4.18(b)所示,它们可以形成吸收和散射的介质,由式(4.36)可得

$$T_{\mathrm{A}} = T_{\mathrm{SKY}}/A_{\mathrm{RAIN}} + T_{\mathrm{m}}(1-1/A_{\mathrm{RAIN}}) + T_{\mathrm{GROUND}}(\mathrm{K})$$

式中:A_{RAIN}为衰减量;T_{m} 为地层中的平均热力学温度,假定为 275K。

4.5.4 接收系统的噪声温度

接收系统由连接到接收机的天线组成,如图 4.19 所示。连接(馈线)是有损耗的,并且处于热力学温度 T_{F}(约等于 $T_0=290\mathrm{K}$),馈线引入了衰减为 L_{FRx},它对应于增益 $G_{\mathrm{FRx}}=1/L_{\mathrm{FRx}}$ 且 $G_{\mathrm{FRx}}<1$($L_{\mathrm{FRx}}>1$)。接收机的有效输入噪声温度为 T_{eRx}。

如图 4.19 所示,可以在 A、B 两端处来确定系统噪声温度:

(1) 在天线输出端 A 处,在馈线损耗之前,温度为 T_1。天线输出端的噪声温度 T_1 是天线噪声温度 T_A 与级联的馈线和接收机组成的子系统的噪声温度之和。馈线的噪声温度可以根据式(4.30)得到,由式(4.31)可得子系统的噪声温度为$(L_{\mathrm{FRx}}-1)T_{\mathrm{F}}+T_{\mathrm{eRx}}/G_{\mathrm{FRx}}$,

则 A 点处的总的等效噪声温度为

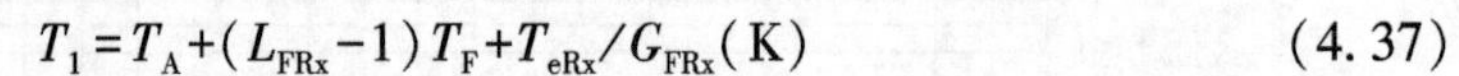

$$T_1=T_A+(L_{FRx}-1)T_F+T_{eRx}/G_{FRx}(\mathrm{K}) \tag{4.37}$$

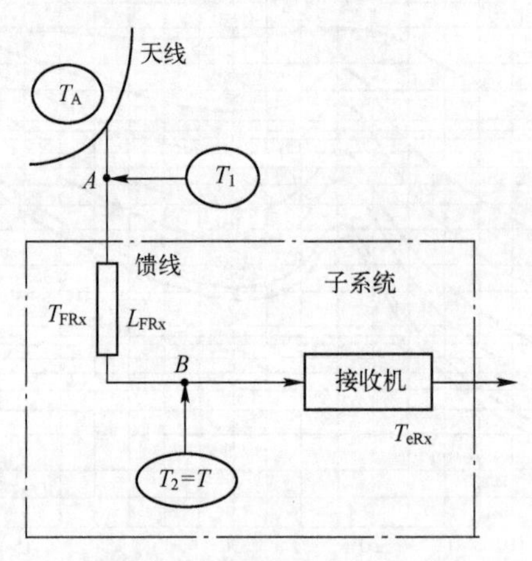

图 4.19　接收系统(T 为接收机输入端的系统噪声温度)

(2) 在接收机输入端 B 处,经过馈线损耗之后,温度为 T_2。噪声会被馈线所衰减。G_{FRx}变为 $1/L_{FRx}$,那么在接收端 B 点可以获得噪声温度为

$$T_2=T_1/L_{FRx}=T_A/L_{FRx}+(1-1/L_{FRx})T_F+T_{eRx}(\mathrm{K}) \tag{4.38}$$

考虑到天线和馈线产生的噪声以及接收机噪声,该噪声温度 T_2 称为接收机输入端的系统噪声温度。实际上,系统噪声温度考虑了接收设备内的所有噪声源。

总之,在接收机输入端,链路中的所有噪声源等效为系统的等效噪声温度 T。这些噪声源包括天线捕获并由馈线产生的噪声(在接收机输入端进行测量),以及链路下游产生的噪声。在接收机中,噪声可以被认为由一个接收机输入端的虚拟噪声源产生,从而将接收机本身视为无噪声的。

4.6　载噪比计算

4.6.1　载波与噪声功率比

在通信中,载噪比(信噪比)表示接收系统的输入端的载波功率与噪声功率的比值(通常记作 CNR 或者 C/N),它是衡量通信系统性能的一个重要指标。在卫星通信系统中,一般使用载噪比来衡量卫星传输链路的性能优劣,卫星链路的计算也常取决于该参数。

接收系统输入端的载波功率为

$$C=P_R=\mathrm{EIRP}\cdot G_R/L \tag{4.39}$$

接收系统的总的噪声功率为

$$N=N_0B_N=kTB_N \tag{4.40}$$

故载噪比为

$$C/N=\frac{P_{\mathrm{Tx}}G_{\mathrm{T}}G_{\mathrm{R}}}{kTB_{\mathrm{N}}L} \tag{4.41}$$

其分贝表达式为

$$[C/N]=[\mathrm{EIRP}]+[G_{\mathrm{R}}]-[T]-[L]-[B_{\mathrm{n}}]-[k] \tag{4.42}$$

上式中通常把表征接收系统的参数$[G_{\mathrm{R}}]$和$[T]$组合在一起,称为 G/T 值,即

$$[G/T]=[G_{\mathrm{R}}]-[T] \tag{4.43}$$

G/T 值是接收天线增益与接收天线等效噪声温度(包括馈线、接收机的噪声温度)的比值,卫星链路计算中有地球站和卫星的 G/T 值,它们直接影响了卫星链路的接收能力,是衡量接收系统性能的关键参数。则式(4.42)可写为

$$[C/N]=[\mathrm{EIRP}]+[G/T]-[L]-[B_{\mathrm{n}}]-[k] \tag{4.44}$$

式中:玻耳兹曼常数$[k]=-228.6$。

式(4.44)通常又可写为

$$[C/N]=[\mathrm{EIRP}]+[G/T]-[L]-[B_{\mathrm{n}}]+228.6 \tag{4.45}$$

在实际使用中,也常使用载波功率 C 与噪声功率谱密度 N_0 的比值$[C/N_0]$来表示载噪比,由于 $N=N_0B$,因此

$$[C/N]=\left[\frac{C}{N_0B_{\mathrm{n}}}\right]=[C/N_0]-[B_{\mathrm{n}}] \tag{4.46}$$

即

$$[C/N_0]=[C/N]+[B_{\mathrm{n}}] \tag{4.47}$$

$[C/N]$是以分贝为单位的实际功率比,$[B_{\mathrm{n}}]$是相对于 1Hz 的分贝值,所以$[C/N_0]$的单位是 dBHz。

此外,也可以用载波功率与等效噪声温度比 C/T 来表示链路的载噪比,与 C/N、C/N_0 的关系如下:

$$[C/N]=\left[\frac{C}{kTB_{\mathrm{n}}}\right]=[C/N_0]-[B_{\mathrm{n}}]=[C/T]-[k]-[B_{\mathrm{n}}] \tag{4.48}$$

所以

$$[C/N_0]=[\mathrm{EIRP}]+[G/T]-[L]-[k] \tag{4.49}$$

$$[C/T]=[\mathrm{EIRP}]+[G/T]-[L] \tag{4.50}$$

4.6.2 影响链路预算的卫星转发器参数

卫星转发器有许多参数来描述其特性,对卫星通信链路预算而言,影响链路性能的参数,分别是有效全向辐射功率(EIRP)、接收系统品质因数(G/T)、饱和功率通量密度(SFD)、转发器功率输入补偿(BoI)和输出补偿(BoO)。其中,有效全向辐射功率 EIRP、接收系统品质因数 G/T 前面已经介绍,下面对后面三个指标进行介绍。

1. 饱和通量密度

饱和通量密度是指使卫星转发器处于单载波饱和状态工作时,在其接收天线所要求的功率通量密度,单位为 $\mathrm{dBW/m^2}$。SFD 反映卫星信道的接收灵敏度,是上行链路的重要

参数，与高功率放大器的饱和点、转发器组成器件损耗、天线增益有关。在链路预算中的主要作用是计算地球站的上行全向辐射功率，进而计算所需发射站天线口径和功放的大小。

2. 输入补偿和输出补偿

在 TWTA 中有多个载波同时工作，为了减小互调失真的影响，工作点必须退到 TWTA 传输特性的线性区，如图 4.20 所示。频分多址系统就是多个载波同时工作的系统，因此，在链路预算中必须要确定需要的补偿值。

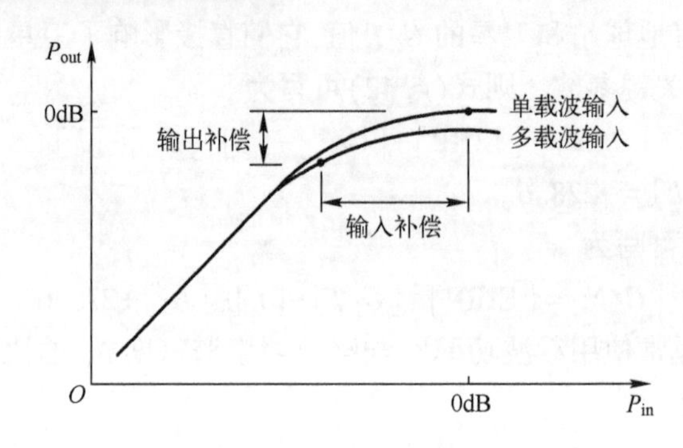

图 4.20　单载波及多载波输入中一条载波的功率转移曲线

为了降低互调失真，TWTA 的工作点必须要靠近曲线的线性部分，输入功率的降低称为输入补偿。如图 4.20 所示，输入补偿是以 dB 表示的工作点上的载波输入电平与单载波工作所要求饱和点上的载波输入电平之差。

输出补偿是输出功率中相应的下降，同样是相对于单载波工作时饱和点输出功率，输出补偿通常比输入补偿小 5dB。补偿值始终是以 dB 为单位相对于与饱和点给出。

需要指出的是，当存在多个载波时，对于任何一个载波，饱和点附近的功率输出要小于单载波工作所达到的值，可由图 4.20 所示功率转移曲线看出。

4.6.3 载噪比计算

图 4.21 给出了卫星链路载噪比计算的等效关系。

1. 上行载噪比计算

上行链路是由地球站向卫星传输信号的链路，其载噪比是在卫星接收机输入端进行计算，如果用 C/N_0 来表示载噪比，可根据式(4.49)计算上行链路载噪比。为了与其他载噪比进行区分，通常用下标 U 表示上行链路，这样式(4.49)就变为

$$[C/N_0]_{\mathrm{U}}=[\mathrm{EIRP}]_{\mathrm{U}}+[G/T]_{\mathrm{U}}-[L]_{\mathrm{U}}-[k]\ (\mathrm{dBHz}) \tag{4.51}$$

式中：$[\mathrm{EIRP}]_{\mathrm{U}}$为地球站的 EIRP；$[G/T]_{\mathrm{U}}$为卫星接收机的 G/T 值；$[L]_{\mathrm{U}}$为上行链路损耗，损耗包括自由空间损耗和其他损耗。

式(4.51)的计算结果是卫星接收机输入端的载波与噪声密度之比。

对上行链路来说，有一个重要参数要考虑，即卫星饱和通量密度(SFD)，采用该参数对上行链路载噪比进行计算时，就要对式(4.51)进行修改，具体说明如下：

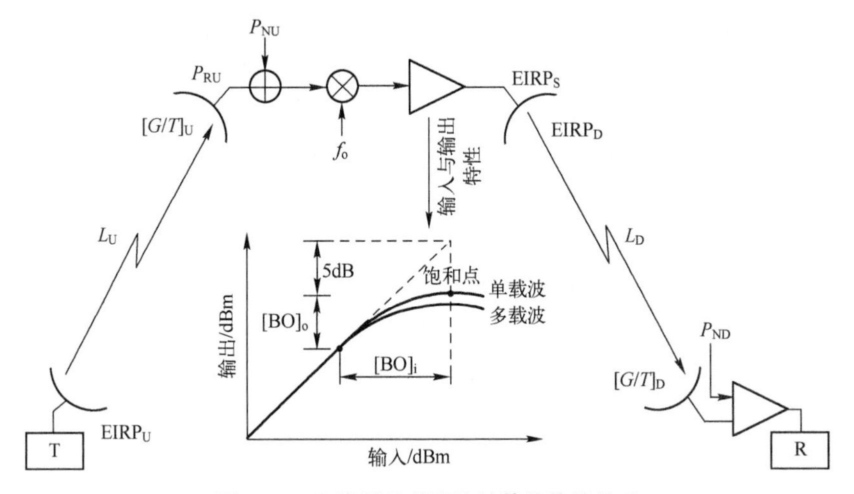

图 4.21　卫星链路载噪比计算的等效关系

根据式(2.16)和式(4.1)可以得到根据 EIPR 计算的功率通量密度,即

$$\Psi_M=\frac{\text{EIRP}}{4\pi r^2} \tag{4.52}$$

用分贝表示为

$$[\Psi_M]=[\text{EIRP}]+10\log\frac{1}{4\pi r^2} \tag{4.53}$$

由式(4.8)计算的自由空间损耗表达式进行等价变换可得

$$-[L_{FSL}]=10\log\frac{\lambda^2}{4\pi}+10\log\frac{1}{4\pi r^2} \tag{4.54}$$

将式(4.54)代入式(4.53)可得

$$[\Psi_M]=[\text{EIRP}]-[L_{FSL}]-10\log\frac{\lambda^2}{4\pi} \tag{4.55}$$

根据式(2.18)可知,$10\log\frac{\lambda^2}{4\pi}$表示各向同性天线(G=1)的有效面积,即

$$[A_0]=10\log\frac{\lambda^2}{4\pi} \tag{4.56}$$

卫星通信链路计算中一般知道的是频率而不是波长,为了便于计算,给出频率的单位为 GHz 时,式(4.56)可以写为

$$[A_0]=-(21.45+20\log f) \tag{4.57}$$

则式(4.55)可重写为

$$[\text{EIRP}]_U=[\psi_M]+[A_0]+[L_{FSL}] \tag{4.58}$$

式(4.58)是基于只存在传播损耗$[L_{FSL}]$的条件下推导出的。但是,还有其他损耗,如大气吸收损耗、极化误差损耗和天线指向损耗。当考虑这些损耗时,式(4.58)可写为

$$[\text{EIRP}]_U=[\psi_M]+[A_0]+[L_{FSL}]+[L_{AML}]+[L_A]+[L_{PL}] \tag{4.59}$$

式(4.59)可以写为

$$[\text{EIRP}]_U=[\psi_M]+[A_0]+[L]_U-[L_{FRX}] \tag{4.60}$$

式(4.60)表明,在晴天条件下,为了在卫星接收端产生给定的功率通量密度,地球站必须提供的最小[EIRP]值。一般给定的是饱和通量密度 ψ_S(下标 S 表示饱和通量密度),则式(4.60)写为

$$[\mathrm{EIRP_S}]_U=[\psi_S]+[A_0]+[L]_U-[L_{FRX}] \tag{4.61}$$

在 TWTA 中有多个载波同时工作,为了减小互调失真的影响,工作点必须退到 TWTA 传输特性的线性区,即需要一定的输入补偿值$[\mathrm{BO}]_i$。所以多载波工作时,地球站的上行 EIRP 等于使转发器达到饱和通量密度时所需的 EIRP 值减去输入补偿值,即

$$[\mathrm{EIRP}]_U=[\mathrm{EIRP_S}]_U-[\mathrm{BO}]_i \tag{4.62}$$

将式(4.61)和式(4.62)代入式(4.51)可得

$$[C/N_0]_U=[\psi_S]-[\mathrm{BO}]_i+[A_0]+[G/T]_U-[k]-[L_{FRX}] \tag{4.63}$$

2. 下行载噪比计算

用户信号到达星上后,经过转发器转发到下行链路发送,达到接收地球站,因此下行链路载噪比是在接收地球站输入端进行计算。按照上行链路载噪比计算方法,下行链路载噪比可表示为

$$[C/N_0]_D=[\mathrm{EIRP}]_D+[G/T]_D-[L]_D-[k] \tag{4.64}$$

式中:下标 D 表示下行链路;$[\mathrm{EIRP}]_D$为卫星发射的 EIRP;$[G/T]_U$为地球站接收机的 G/T 值;$[L]_D$为下行链路损耗,损耗包括自由空间损耗和其他损耗。

式(4.64)用于下行链路载噪比的计算,计算结果是地球站接收机输入端的载波与噪声密度之比。

同样,对于卫星转发器 TWTA,不仅考虑输入补偿,而且考虑 EIRP 的输出补偿。假设将转发器饱和点工作时的卫星的 EIRP 定义为$[\mathrm{EIRP_S}]_D$,则

$$[\mathrm{EIRP}]_D=[\mathrm{EIRP_S}]_D-[\mathrm{BO}]_o \tag{4.65}$$

所以式(4.64)可写为

$$[C/N_0]_D=[\mathrm{EIRP_S}]_D-[\mathrm{BO}]_o+[G/T]_D-[L]_D-[k] \tag{4.66}$$

3. 总载噪比的计算

图 4.21,可以简化为图 4.22 所示的功率流向图

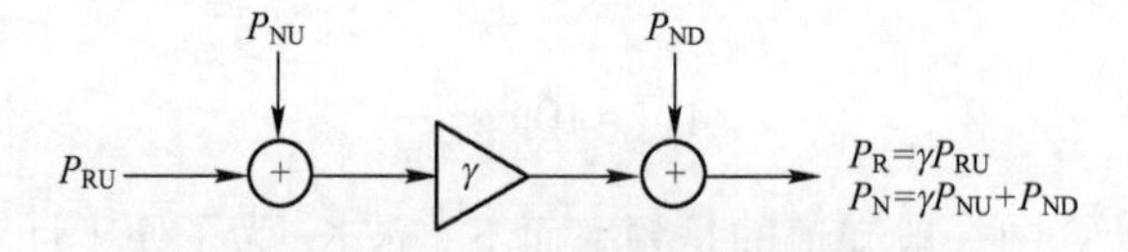

图 4.22 卫星上下行合成链路的功率流向图

合成链路末端的载波功率记为 P_R,显见这也是下行链路的接收载波功率,令 γ 为从卫星输入端到地球站输入端的系统功率增益,则

$$P_R=\gamma P_{RU} \tag{4.67}$$

链路末端的噪声则包括两部分,一部分是卫星输入端的噪声经过 γ 倍放大后的噪声 γP_{NU},另一部分是地球站自己本身产生的噪声 P_{ND},所以合成链路末端总的噪声为 $P_N=\gamma P_{NU}+P_{ND}$。

为了方便计算合成链路的载噪比,先计算合成链路末端噪声功率与载波功率的比值,即

$$N/C=\frac{P_{\mathrm{N}}}{P_{\mathrm{R}}}=\frac{\gamma P_{\mathrm{NU}}+P_{\mathrm{ND}}}{P_{\mathrm{R}}}=(N/C)_{\mathrm{U}}+(N/C)_{\mathrm{D}} \tag{4.68}$$

所以，总的合成链路载噪比为

$$(C/N)^{-1}=(C/N)_{\mathrm{U}}^{-1}+(C/N)_{\mathrm{D}}^{-1} \tag{4.69}$$

式(4.69)表明，为了得到合成链路总的载噪比，必须先计算上、下行链路各自的载噪比的倒数，然后进行求和再求倒数。采用这种求倒数和的倒数的方法，是因为系统传输的信号功率只有一个，而各种噪声功率却以相加的形式出现。

4. 考虑其他因素后的修正

当多个载波信号通过非线性器件时，就会产生互相调制现象。在卫星通信系统中，星上的行波管高功率放大器也会产生互调现象。幅度和相位的非线性都会增加互调产物。三阶互调产物落入到邻近的载波频率中，结果引起干扰。如果存在大量的已调载波，则互调产物将无法被单独区分，而成为一种噪声，称为互调噪声。通常根据经验或者测试确定载波与互调噪声之比。考虑到互调噪声之后，链路的总载噪比可表示为

$$(C/N_0)^{-1}=(C/N_0)_{\mathrm{U}}^{-1}+(C/N_0)_{\mathrm{D}}^{-1}+(C/N_0)_{\mathrm{IM}}^{-1} \tag{4.70}$$

式中：$(C/N_0)_{\mathrm{IM}}$为对应互调噪声下的载噪比。

4.7 本章小结

卫星通信链路设计是卫星通信系统设计的一个重要组成部分，针对卫星信号微弱、卫星信道非线性及系统带宽、功率受限的特点，对链路进行合理设计，可以实现信息又好又快地传输。卫星通信链路设计主要以载噪比计算为中心，涉及整个系统。首先推导了上、下行链路中接收端的接收载波功率的计算方法；其次分析了接收系统的噪声来源和分类，推导了噪声功率的计算方法；然后推导了上、下行链路的载噪比计算公式；最后给出了合成链路的载噪比计算公式。本章中专业名词比较多，在学习中要注意理解。

习　题

1. 工作频率为12GHz的卫星下行链路的发送功率为6W，天线增益为48.2dB，计算以dBW表示的EIRP。

2. 计算工作频率为12GHz的3m抛物面天线的增益。假设天线效率为0.55。

3. 地球站和卫星之间的距离为42000km，计算在6GHz频率上的自由空间损耗。

4. 工作频率为15GHz的卫星链路，其接收机馈线损耗为1.8dB，自由空间损耗为217dB，大气吸收损耗为1.5dB，天线指向损耗0.8dB，去极化损耗可以忽略，计算晴天条件下总的链路损耗。

5. 天线的噪声温度为35K，与天线相连的接收机的噪声温度为100K，计算36MHz带宽内的噪声功率。

6. 一个接收机的噪声系数为12dB。与该接收机相连的LNA的增益为40dB，噪声温

度为 120K。计算 LNA 输入端的总噪声温度。

7. 对工作频率为 12GHz 的链路进行预算,已知自由空间损耗为 206dB,天线指向损耗为 1 dB,大气吸收损耗为 2dB,接收机的 G/T 值为 19. 5dB/K,接收机馈线损耗为 1dB,EIRP 值为 48dBW,计算载波与噪声谱密度之比[C/N_0]。

8. 上行链路的工作频率为 14GHz,使转发器饱和所需要的通量密度为-120dB(W/m^2)。自由空间损耗为 207dB,其他传播损耗的总值为 2dB。计算晴天条件下使卫星转发器饱和所需要的地球站[EIRP]。假设馈线损耗可以忽略。

9. 工作于 14GHz 的上行链路,要求的饱和通量密度为-93. 4dBW/m^2,输入补偿为 15dB,卫星的 G/T 值为-7. 7dB/K,接收机馈线损耗约为 1. 6dB,计算载波与噪声密度之比。

10. 卫星电视信号占用了卫星转发器的全部 56MHz 带宽,要求在地球站接收端提供的 C/N 值为 32dB。给定总的传输损耗为 210dB,接收地球站的 G/T 值为 41dB/K,计算所需要的卫星 EIRP。

11. 给定的卫星下行链路的饱和 EIRP 为 29dBW,输出补偿为 8dB,自由空间损耗为 176dB,其他的下行链路损耗是 2. 5dB;而地球站的 G/T 值是 51dB/K。计算地球站的载波与噪声密度之比。

12. 为什么低噪声放大器要放在紧靠天线的部位。

第5章 卫星通信体制与关键技术

5.1 卫星通信体制

5.1.1 引言

通信系统的基本任务是传输和交换含有用户信息的信号。通信体制是指通信系统采用的信号传输、交换方式,也就是根据信道条件及通信要求,在系统中采用何种信号形式(包括时间波形与频谱结构)以及怎样进行传输(包括各种处理和变换)、用什么方式进行交换等。

通信体制直接影响着通信系统及其通信线路的组成和性能。一种通信系统具体采用什么样的通信体制,其传输方式与信道特点都是非常重要的影响因素。

5.1.2 卫星通信的信道特点

卫星通信是用卫星作为中继站的中继通信,可以实现大面积覆盖,以广播方式工作,便于实现多个地球站同时通信,其传输方式决定了其信道特点。

卫星通信信道具有以下特点:

(1) 采用方向性天线,通常具有直射波,信道条件好,对于同步静止轨道卫星通信,可以看作是白噪声信道;对于中低轨道的星座卫星通信系统,由于存在多径与遮挡等影响,其信道条件比较复杂。

(2) 对于高轨道卫星通信系统,由于电磁波传输距离远,传输损耗大,因此,接收信号微弱,需要解决低信噪比条件下的解调问题;在低轨卫星通信系统中,传输损耗要小很多。

(3) 对于高轨道卫星通信系统,由于传输损耗大,卫星的功率资源更加稀缺,卫星转发器中的高功率放大器通常工作在非线性状态,在设计传输体制时,要考虑其非线性的影响;但对于低轨卫星通信系统,功率资源相对充足。

(4) 对于高频段的卫星通信,雨、雪天气的影响比较大,会造成较大的衰减。

(5) 由于多普勒效应,对于同步静止轨道卫星,通信卫星存在漂移,会产生多普勒频移;由于中低轨卫星运动速度很大,中低轨道卫星通信中存在更大的频移;当地球站为移动平台时,同样会造成频移。

卫星通信的信道特点决定了其对通信体制的要求,卫星通信体制必须解决卫星信道特点带来的问题,包括功率受限、高功率放大器非线性影响、动中通与雨衰等。

5.1.3 卫星通信体制

按照通信体制的定义,卫星通信体制是指卫星通信系统所采用的信号传输方式和信号交换方式,其基本内容主要包括基带信号形式、中频调制制度、多址联接方式、信道分配与交换制度、抗干扰技术等方面。

基带信号形式包括基带信号性质、信源编码方式、多路复用方式、信道编译码方式、加密、成形滤波的形式等方面。其中,基带信号性质可分为模拟信号与数字信号,目前在数字通信中基带信号通常为数字信号;信源编码方式通常包括基本的 PCM 方式以及节省信号带宽的参数编码、预测编码等;多路复用方式可分为时分复用与频分复用;编译码方式很多,常用的包括分组码、卷积码、级联码与 Turbo 码、LDPC 码等新型的高效编码方式。

中频调制制度主要是指采用的调制解调方式,具体的调制解调方式按照不同的划分方式,可分为模拟调制与数字调制、非恒包络与恒包络调制、功率有效调制方式与带宽有效调制方式等,在具体的卫星通信系统中,需要根据具体要求进行设计。

对于军事卫星通信,需要考虑抗干扰体制,及其信号处理技术。

卫星多址联接是指在同一颗卫星天线波束覆盖范围内的任何地球站通过卫星进行双边或多边的通信联接,主要有 FDMA、TDMA、CDMA、SDMA 以及混合多址方式。

信道分配与交换制度主要解决信道资源分配问题,分配方式包括预分配、按申请分配、随机分配等。另外,卫星通信体制还包括交换方式、转发器处理方式等。

5.2 传输技术

卫星通信中的传输技术主要包括调制解调技术与差错控制技术,相对于其他通信系统,卫星通信中的传输技术需要适合卫星信道特点与传输方式。

5.2.1 调制解调技术

调制解调技术是在发端把要传输的模拟信号或数字信号变换成适合信道传输的信号的过程,调制后的信号称为已调信号;解调是在接收端将收到的已调信号还原成要传输的原始信号的过程。

按照调制器输入信号(该信号称为调制信号)形式,调制可分为模拟调制和数字调制。模拟调制是利用输入的模拟信号直接控制改变载波的振幅、频率或相位,从而得到调幅(AM)、调频(FM)或调相(PM)信号。数字调制是利用数字信号来控制改变载波的振幅、频率或相位,从而有幅移键控(ASK)、频移键控(FSK)、相移键控(PSK)。

调制解调方式可以分为功率有效的调制方式和频带有效调制方式两大类。通俗来说,在传输相同信息比特速率情况下,如果采用的某一种调制方式所占用带宽越窄,则认为其频带效率越高;为获得相同传输误码率情况下,如果采用的某一种调制方式所需要的接收信噪比越低,则认为其功率效率越高。

卫星通信中的调制技术主要考虑三个方面的特性:一是功率有效性,适用功率受限的系统;二是频带有效性,适用频带受限系统;三是具有抗非线性能力,通常采用在非线性条件下性能比较好的恒包络调制方式。卫星通信系统通常是功率受限系统,此时卫星转发器中的高功率放大器有效载荷的信道条件常具有非线性特性;另外,根据具体应用场景,在某些情况下卫星通信系统是带宽受限系统。因此,在卫星通信的调制解调方式中,通常要考虑功率效率、带宽效率与抗非线性的要求。

1. 功率有效调制方式

在卫星通信系统是功率受限的情况下,需要选择功率有效调制方式。从提高功率利用率的角度来看,BPSK、QPSK(及其变种)和 MSK 优于多进制调制方式,也就是说在相同的 E_b/N_0 的情况下,BPSK、QPSK 和 MSK 的误码性能好,而且实现简单。

BPSK 的频谱利用率较其他方式低,理论性能与 QPSK 相同,OQPSK 和 MSK 由于克服了 QPSK 调制时 180°相位突变对已调波包络起伏的影响,其调制信号的频谱特性优于 QPSK,有利于降低码间干扰和邻道干扰等;但是 OQPSK 的同相支路和正交支路的信号在时间上相差 $T_S/2$(T_S 为码元宽度),增加了实现复杂度。MSK 的特点是由于它在符号转换点相位是连续的,旁瓣比较小,波形的包络波动比较小,卫星链路的非线性影响比较小。但 MSK 调制信号的主瓣较宽,带宽利用率比较低。另外,MSK 信号由于其相位始终是变化的,高动态环境存在的多普勒率对其解调影响比较大。

在卫星信道中,采用 QPSK 有最好的频带利用率和功率利用率折中效果,并且实现复杂度比 OQPSK 和 MSK 简单。但在高动态环境下,快速、准确地估计相位比较困难,因此,采用差分 QPSK 调制是一个比较好的选择,即 DQPSK 方式。考虑卫星链路非线性影响,π/4-DQPSK 比 QPSK 具有更好的抗非线性特性。

QPSK 技术成熟,实现复杂性适中,可实现性最好,对编码系统具有最大的编码增益;但 QPSK 解调中需要具有快速同步捕获性能的载波恢复电路,移动业务对衰落、遮蔽和多普勒频移造成的快速时变的随机相位较为敏感。

π/4-DQPSK 是一种适合于卫星通信的调制方式,它具有包络波动和频谱扩展小、可差分检测等优点。它是 QPSK 和 OQPSK 的折中,在码元转换时刻的相位跳变最大只有 ±3π/4,既没有 QPSK±π 的相位跳变,又可以进行差分检测,因此在经过带限滤波器之后的包络波动和非线性放大之后的频谱扩展都很小。

GMSK 是一种连续相位调制方式,它通过采用低通高斯滤波器对输入数据进行预滤波,使得相位轨迹没有跳变,且是完全平滑的,频谱特性大大改善,带外衰减非常快,几乎没有旁瓣。由于 GMSK 信号包络幅度恒定,经过带限滤波后,其包络起伏很小,发射机功放可以工作在饱和区,能充分利用发射机功率,经过非线性信道传输后,AM/PM 效应很小,频谱扩展现象也很小,同时性能恶化量也较小。目前许多国家都在军事和民用方面进行 GMSK 应用于卫星通信的研究。

衡量一种调制方式优劣的标准是它的带宽效率、功率效率和实现复杂度折中考虑。下面针对这三种调制方式,频谱效率、功率特性和误比特率性能进行比较。

1) 频谱效率对比

GMSK 信号的频谱效率和误比特率(BER)性能由 BT(B 为发送端高斯滤波器的 3dB 带宽,T 为信息比特周期)值决定。BT 位越小,频谱利用率越高,而 BER 性能恶化越严重,因此必须将频谱效率和 BER 综合考虑,选取适当的 BT 位。但当 $BT>0.2$ 时,BER 性能恶化并不严重,考虑采用 $BT=0.3$ 的 GMSK 信号,此时频谱利用率可达到 1.35(b/s)/Hz,BER 性能恶化大约 0.5dB。在带宽允许的情况下,还可以选择 BT 更大的 GMSK 信号,以改善 BER 性能。

QPSK,π/4-DQPSK 属于四相调制,其频谱利用率为 $2/(1+\alpha)$(b/s)/Hz(α 为滚降系数,$0<\alpha<1$),因此其频谱利用率为最大为 2(b/s)/Hz。通常,QPSK、π/4-DQPSK 的频谱效率高于 GMSK 的频谱效率。

2) 功率特性对比

GMSK 信号的功率谱密度如图 5.1 和图 5.2 所示,从图中可以看出,GMSK 信号的旁瓣特性明显优于 QPSK 信号(π/4-DQPSK 类似)。经过成型滤波的 QPSK,π/4-DQPSK 信号包络不恒定,通过 HPA 和 TWTA 等非线性器件时会出现频谱扩展现象,引起邻道干扰,因此发射机功放必须工作在线性区。而 GMSK 信号的包络恒定,发射机功放可以工作在饱和区,能够充分利用发射机功率,可以获得 2~3dB 的增益。

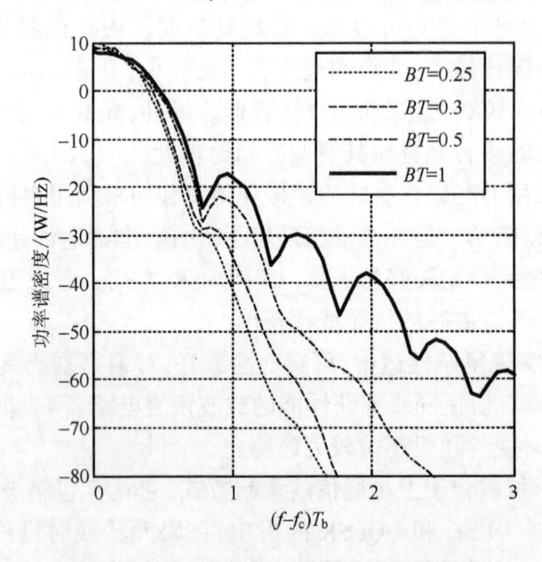

图 5.1 不同 *BT* 值的 GMSK 功率谱密度

3) 误比特率特性

图 5.3 给出了 $BT=0.3$ 的 GMSK 信号相干解调和 QPSK 相干解调,π/4-DQPSK 信号差分解调的 BER 性能,以及在采用码率 $R=1/2$ 的(171,133)卷积码时的译码性能。

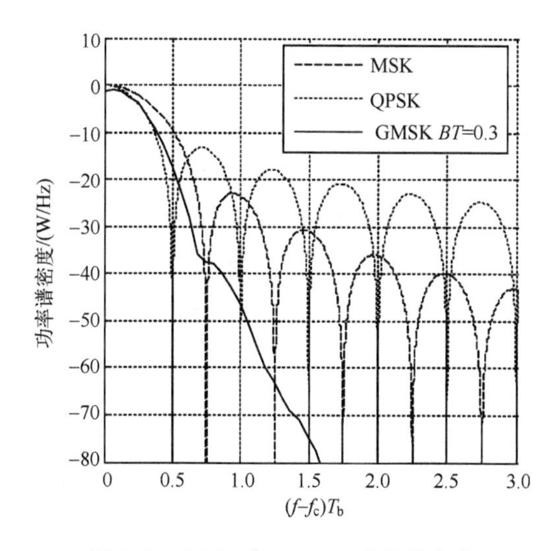

图 5.2 QPSK 和 GMSK 功率谱密度

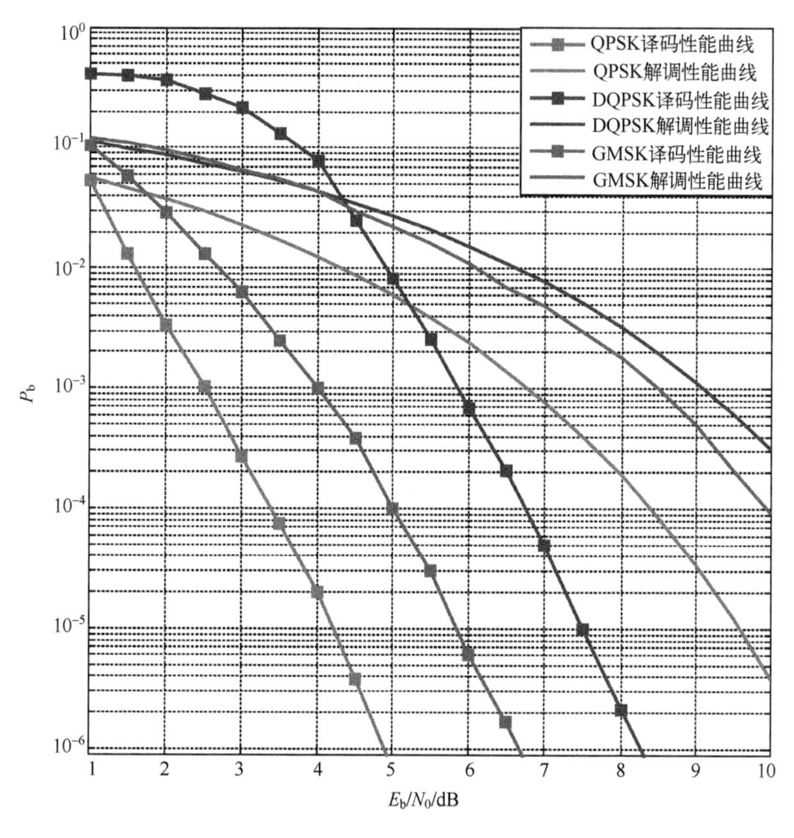

图 5.3 解调、译码性能比较

由图 5.3 可见，π/4-DQPSK 性能最差，编码增益也最小，在误码率 $P_b=10^{-4}$时，编码增益约 4dB；QPSK 性能最好，编码增益最大，在误码率 $P_b=10^{-4}$ 时，编码增益约 5dB；GMSK 解调性能居中，但编码增益达到近 5dB。

2. 频带有效调制方式

卫星信道作为一种典型的非线性信道,要求使用包络恒定(或包络起伏很小)的调制方式,所以在数字卫星系统中通常采用 PSK 调制方式。

但是随着数字宽带卫星业务的增大和系统容量的扩展,频谱带宽资源越来越紧张,使用代价越来越大,所以必须进一步提高传输信号的频带效益。*M* 进制相移键控(MPSK),当 *M* 为 8、16、32 时,其频带效率分别是 QPSK 的 1.5 倍、2 倍和 2.5 倍,意味着相同带宽内可以传送更高的信息速率,但其功率效率低于 QPSK。*M* 越大,功率效率就越低,意味着同样发送 1bit 信息高阶调制需要更多的功率。*M* 进制幅度相位调制(MQAM、MAPSK)是一种将幅度调制与相位调制相结合的方式,它的优点是当其频带效率与 MPSK 的频带效率相同时,其功率效率要高于 MPSK。但是传统的幅度相位联合的高阶调制方式,如矩形 QAM,由于存在较多的幅度,导致通过卫星非线性转发器时,一部分星座点偏离饱和点较远,功率效益不高,而同时那些接近饱和状态工作的星座点的非线性失真却比较严重,加大了预失真校正的复杂度,所以在设计适应卫星信道频谱利用率高的调制星座时,应采用尽量减少信号幅度起伏的高阶星座调制方案。在这种情况下,星座形状呈圆形、相同阶数下幅度较少的 APSK 就成为更好的选择。

APSK 是与传统的矩形 QAM 不一样的幅度相位联合调制方式,其星座点分布在不同半径的圆环上,或者说呈中心向外沿半径发散,所以也称为星形 QAM。这种调制方式下的信号在通过卫星转发器时,因其星座图呈圆形,与 QAM 相比减少了信号幅度变化,从而更易于对转发器的非线性进行补偿,更好地适应了具有非线性特性的卫星传输信道。图 5.4 为 16-QAM 和 16-APSK 的星座比较。由图中可以看出,16-QAM 有三种幅度,而 16-APSK 只有两种,所以比 QAM 能获得更高的频谱利用率,使得高阶调制方式在卫星信道下的传输成为可能。到目前为止,已有很多专家学者对 APSK 的调制方式进行了研究,提出了星形 APSK 构想,并得出优化后的 APSK 星座在非线性信道中均值信噪比和峰值信噪比方面比 PSK 优越,而在单载波调制模式时,未经预失真处理时的 APSK 的信噪比要求高于 PSK 方式的结论。ESTI 颁布的 DVB-S2 标准中除了较为传统的 QPSK 和 8-PSK 之外,更提出了以 16-APSK、32-APSK 作为新的高阶调制方式的方案。

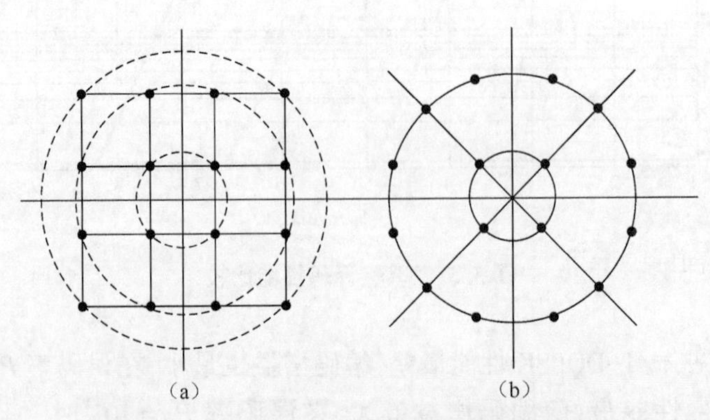

图 5.4　16-QAM 与 16-APSK 星座图示意图

5.2.2 差错控制编码技术

由于卫星通信信道上存在各种干扰、噪声的影响，使得在接收数据中不可避免地会产生差错，当信道的差错率超过用户对信息要求的准确度时，就必须采取适当的措施来减少这种差错。在某些情况下，通过增大系统功率，选择抗干扰、抗衰落性能好的调制解调方式，采用信道均衡、分集接收技术等就可能使信息达到要求的准确度。在大部分情况下，采用差错控制技术减少这种差错。

差错控制技术的基本原理在发送端待传输的信息序列上附加一些额外的监督码元，这些额外的码元与信息码元之间以某种确定的规则相互关联（约束）。在接收端按照既定的规则检验信息码元与监督码元之间的关系，一旦传输过程中发生差错，信息码元与监督码元之间的关系就将受到破坏，从而可发现错误，乃至纠正错误。差错控制编码的检错和纠错能力是以增加所传信息的冗余度来换取的，以降低传输的有效性来换取传输可靠性提高。

按具体实现方法的不同，差错控制可以分为前向纠错、自动请求重发和混合法三种类型。

前向纠错法是在发端发送能够纠正错误的编码，收端收到后根据编码规则进行译码，通过译码发现并纠正传输过程中的错误，译码器可以纠正传输中带来的大部分差错而使收端得到比较正确的序列。其优点是不需要反馈信道，适合于只能提供单向信道的场合；另外，不要求检错重发，因此延时小，实时性好，可用于对实时传输要求高的信号传输系统。其缺点是编译码设备较复杂。

自动请求重发在发送端发送能够发现错误但不能确定错码位置的编码，接收端如果检测到有错，则通过反向信道通知发送端重发。重发的次数可能是一次，也可能是多次，直到收端认为传输无错为止，如图 5.5 所示。

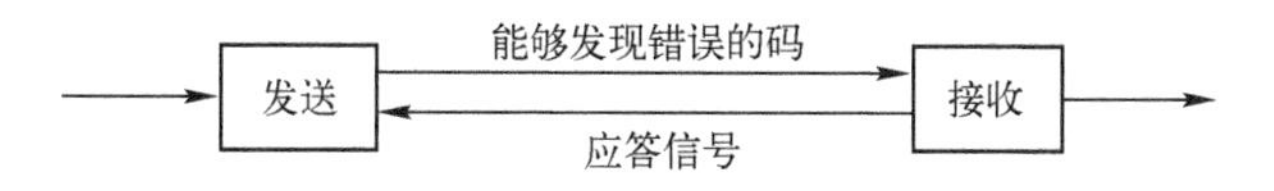

图 5.5 自动请求重发

其优点是工作原理简单、易于实现；缺点是有延时、需要反向信道。其主要用于对实时传输要求不高的数据传输系统。

混合法是前向纠错和自动请求重发的结合，发端发送既能纠错又能检错的码，收端经纠错译码后如果检测无错码，则不再要求发端重发；如果收端经纠错译码后仍检测出有误码，则通过反馈信道要求发端重发，如图 5.6 所示。

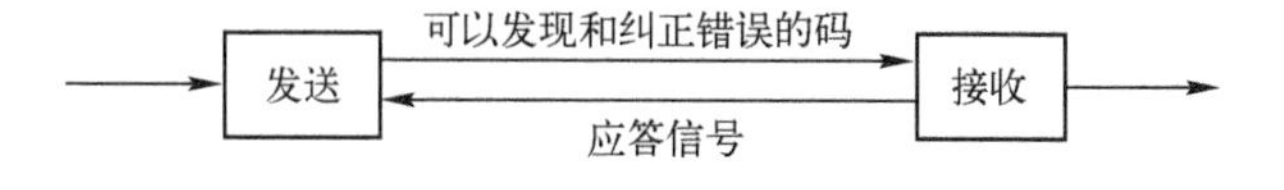

图 5.6 混合差错控制方法

目前,卫星通信系统中常用的前向纠错编码有卷积码、RS 码、级联码等以及在卫星通信系统中获得越来越广泛应用的 Turbo 码和低密度校验码(LDPC)等香农极限码,常用的检错码主要为循环冗余校验码(CRC)。

通过编码获得信噪比上的好处常用编码增益来表示,编码增益用来衡量编码的纠错能力,定义为在给定编码和调制方式的情况下,为获得相同的误比特率,未使用编码时所需的信噪比与采用编码后所需的信噪比的分贝差值。假设对信息进行 BPSK 调制,为得到 10^{-6}的误码率,未编码时所需信噪比不小于 10.6dB,而当采用卷积码后,所需信噪比只要求不小于 6.6dB,则采用卷积码带来的编码增益为 4dB,意味着可大幅降低终端发送功率。从另外一个角度来看,如果系统的容量主要受限于星上功率,则意味着采用该编码后,可以提高系统容量。目前广泛应用的 Turbo 码和 LDPC 码在误码率为 10^{-6}时,编码增益则更高,从而大大提高系统容量,降低终端的发送功率。

Turbo 码的出现及其唤起的低密度校验码(LDPC 码)的研究热潮,加速了信道编码理论发展,使可实现的传输性能直逼香农极限,标志着信道编码理论进入一个崭新阶段。1993 年,Turbo 码的出现标志着信道编码理论进入一个崭新的时代,被视为信道编码理论研究的重要里程碑。Berrou 等在 1993 年瑞士日内瓦召开的 ICC'93 会议上提出了 Turbo 码。他们将卷积码和随机交织器相结合,同时采用软输出迭代 MAP 算法,得到了惊人的效果。在 AWGN 信道条件下,在误码率 $P_e = 10^{-5}$时,信噪比 E_b/N_0 仅需 0.7dB,性能优异。

随着 Turbo 码的出现,具有相似特征的 LDPC 码再度引起了人们的注意,LDPC 码最早由 Gallager 于 20 世纪 60 年代提出,Gallager 证明了 LDPC 码是一种性能非常好的码,并发明了一种基于硬判决的迭代译码算法,但当时的 LDPC 码的校验矩阵为规则矩阵,其性能相对卷积码而言并不具有太大的优势,这使得 LDPC 码在此后的 30 多年一直默默无闻。1995 年,MacKay 等将它重新发掘出来,对其编译码算法进行改进,使得 LDPC 码长码可以获得与 Turbo 码相近或更优异的性能。

LDPC 码具有许多比 Turbo 码更优良的特性:

(1) 纠错性能优于 Turbo 码,具有较大的灵活性和较低的误码平层。

(2) 由于 LDPC 码校验矩阵的稀疏性,其译码复杂度随码长的增加线性增长,译码复杂度低。

(3) LDPC 码的软判决迭代译码可以完全并行进行,与软判决 Turbo 迭代译码相比,具有更快的速度。

(4) 译码失败的码字可以通过校验矩阵得到检测,利用这个特点还可与 ARQ 协议等手段相结合,实现更可靠的通信传输。

(5) 由于校验矩阵的稀疏特性,在长编码分组时,相距很远的信息比特参与统一校验,这使得连续的突发差错对译码的影响不大,编码本身就具有抗突发差错的特性。

由于 LDPC 码的优势,目前 LDPC 码已得到广泛应用。DVB-S2 标准采用了 LDPC 码和 BCH 码相级联作为前向纠错码,使其传输性能接近于香农极限,同时在地面移动通信系统 5G 标准中作为信道编码方式。

5.3 多址联接方式

5.3.1 概述

卫星通信的一个基本特点是处在一颗通信卫星波束覆盖区内的所有地球站都能从该波束接收信号,也都能向该波束发射信号,即具有多址访问能力。具有灵活的多址访问能力是卫星通信的一个优点。但要实现多个地球站同时通信,必须使不同地球站的发射信号不会在卫星上重叠,同时,又能让接收地球站从卫星转发下来的所有信号中识别出发给本站的信号。因此,多址联接需要解决以下问题:

(1) 解决多站信号的共存和识别问题,允许多站信号同时共享有限的卫星资源。

(2) 不同地球站发送的信号有差别。

(3) 要求转发器中混合的来自不同地球站的信号间相互影响尽量小。

(4) 接收站能识别出发给本站的信号。

解决以上问题,需要进行合理的信号设计,其对信号的基本要求是信号之间具有可分割性与可识别性,不同地球站发送的信号具有正交性。可以实现信号正交性的特征包括射频频率、出现的时间、所处的空间和信号波形。

无线电信号可以从频率、时间、波形以及所处的空间来加以区分,因而就构成频分多址、时分多址、码分多址以及空分多址四种基本的多址联接技术。

5.3.2 频分多址

1. 频分多址的原理和特点

频分多址(FDMA)是把卫星转发器的频带分成各自互不重叠的若干子带,不同子带分配给不同地球站使用,这些子带称为信道。所有地球站的发射信号在频率上互不重叠,接收站根据频率来接收发给自己的信号。

FDMA 体制应用最多的方式是单路单载波(SCPC)和多路单载波(MCPC),SCPC 系统中每一个载波传送一路话音和数据业务,在军事上,SCPC 方式同按需分配方式相结合主要应用于战术通信系统中;MCPC 采用多路复用技术,在一个载波上传送多路话音或数据业务,在军事上,MCPC 方式常用于支持群路业务,完成战场节点之间的固定连接。

FDMA 的特点是信号在频率域正交,不同地球站分配不同的频段,如果一个地球站要接收另外一个站的信号,它必须在其发送信号的频段接收。由于多个不同地球站分别发送不同频段的信号,就有多个载波同时通过卫星转发器,这种工作方式称为多载波方式。接收端所用的信号识别方法,就是频带选择,通过控制本地振荡器频率,把不同频带的信号下变频到同一个中频频率,然后通过一个固定的滤波器进行滤波。

FDMA 的优点如下：

(1) 不需要网同步，实现简单。

(2) 传输速率与信息速率相适应，适合低速率小站接入卫星通信系统。

(3) 只要满足带宽要求，对每个载波所采用的信号传输体制没有限制。

FDMA 的缺点如下：

(1) 存在互调噪声，不能充分利用卫星转发器的功率和频带。

(2) 为了避免不同信道间的干扰，需要设置足够宽的保护带，造成频带利用率下降。

(3) 由于存在多个载波，需要对每个载波的上行链路功率进行精确控制，实现复杂。

(4) 由于存在互调的影响，系统有效容量随载波数增多而急剧降低。

(5) 每个信道带宽固定，业务调整不灵活。

2. FDMA 中的互调分析

FDMA 中的互调来源于卫星转发器当中的高功率放大器，当转发器当中的高功率放大器工作在非线性状态时，多个载波经过非线性变换，就会产生互调分量。地球站中的高功率放大器也具有非线性特性，但是由于地球站通常需要发送的载波数不多，地球站中的高功率放大器通常不需要工作在非线性状态，因此其引起的非线性影响不大，通常可以忽略。

常用的转发器高功率放大器是行波管放大器或固态功率放大器，高功率放大器的非线性特性如图 5.7 所示，横轴为输入功率相对于饱和点输入功率归一化后的分贝值，纵轴为输出功率相对于饱和点输出功率的分贝值。

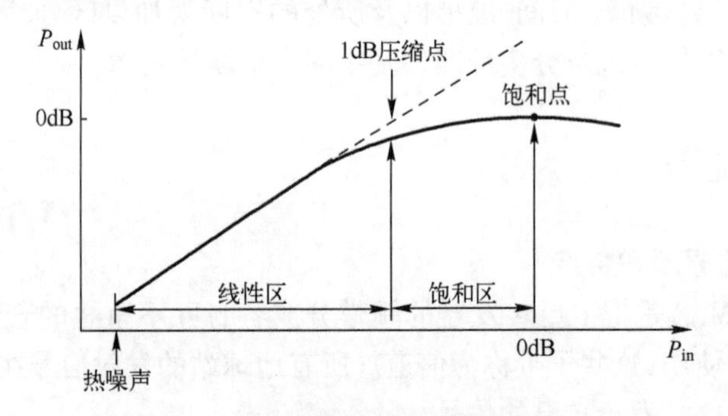

图 5.7 高功率放大器的幅度特性曲线

对于高功率放大器，其输入功率有一个范围，不能太小，也不能太大，在热噪声与饱和点之间的范围内，在这个范围内，功率较小时，工作在线性放大状态，随着输入功率的增加，进入非线性区间，当输入功率达到一定值时，其输出功率达到最大值。线性区与非线性区的转折点为 1dB 压缩点。1dB 压缩点的定义为线性放大与实际输出功率相差 1dB 的位置。

互调产生的原因：首先，由于转发器中的功率资源很宝贵，决定着系统的容量与性能，希望功率放大器输出更大的功率，因此转发器尽量工作在接近饱和点；其次，采用 FDMA 多址方式的系统是多载波系统，多载波与非线性特性结合会产生互调分量。

非线性影响分为幅度非线性与相位非线性，下面具体分析。

1）幅度非线性引起的互调

假设输入到高功率放大器的多载波信号为

$$v(t) = \sum_i A_i\cos\omega_i t \tag{5.1}$$

如果是理想功放，其函数为

$$V=av \tag{5.2}$$

其特性如图 5.8 所示，输出与输入之间为直线。

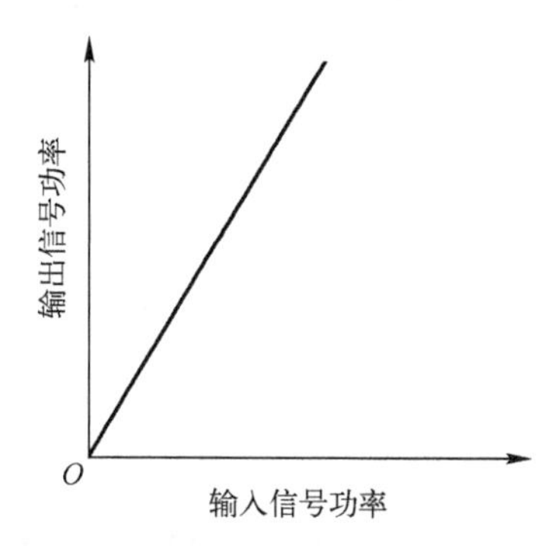

图 5.8 理想功率放大器的输入输出特性

则高功率放大器输出的多载波信号为

$$V = a\sum_i A_i\cos\omega_i t \tag{5.3}$$

可见，当高功率放大器工作在线性状态时，即使输入信号是多载波信号，输出信号当中没有产生新的互调分量，因此，不存在非线性影响，输入与输出信号的频谱示意图如图 5.9 所示。

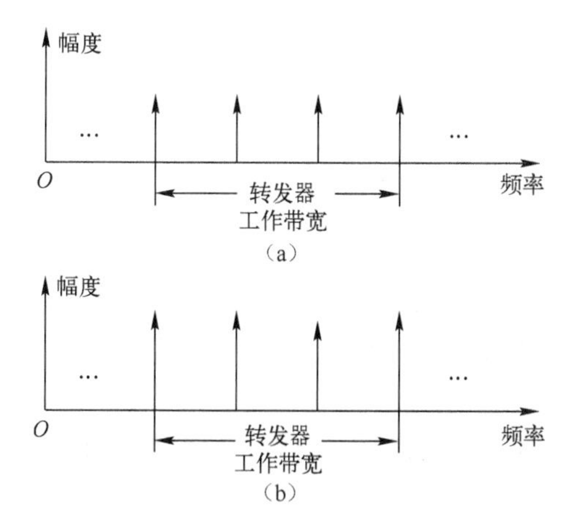

图 5.9 理想功率放大器对信号的线性放大

(a) 输入；(b) 输出。

实际的高功率放大器特性为非线性，其幅度非线性可表示为

$$V=a_1v+a_2v^2+a_3v^3+\cdots+a_rv^r+\cdots \tag{5.4}$$

假定输入信号为

$$v(t)=A\cos\omega_A t+B\cos\omega_B t \tag{5.5}$$

展开后的二次方项,即

$$a_2v^2=a_2\left(\frac{A^2+B^2}{2}+\frac{A^2}{2}\cos2\omega_At+\frac{B^2}{2}\cos2\omega_Bt+AB\cos(\omega_A+\omega_B)t+AB\cos(\omega_A-\omega_B)t\right) \tag{5.6}$$

由此,可以把上述规律推广到 r 为偶数时,输入信号经过非线性放大后,输出信号包含直流分量、各载波的偶次项($r\omega$)、和频与差频组合分量($\Delta\omega$、$r\omega+\Delta\omega$)等,如图 5.10 所示。从图中可以看出,偶次方项展开时,其中的和频和差频分量要么比较小,接近基带,要么比较高,靠近输入频率的偶次谐波,因此,都不会落入转发器带内。

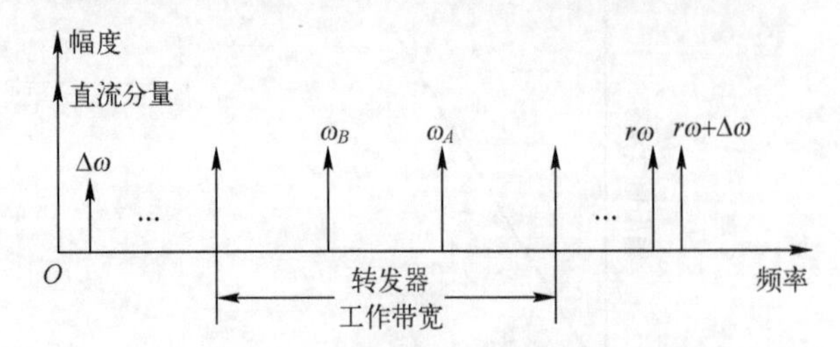

图 5.10 偶次方项输出信号频谱示意图

同样,可以把上述规律推广到 r 为奇数时,输出同样可以展开为基频分量、各载波的奇次谐波分量、差频分量与和频分量,如图 5.11 所示。从图中可以看出,奇次方项展开时,其和频分量都比较高,但其差值为 1 的差频分量都离输入频率比较近,落入转发器带内的概率比较高。

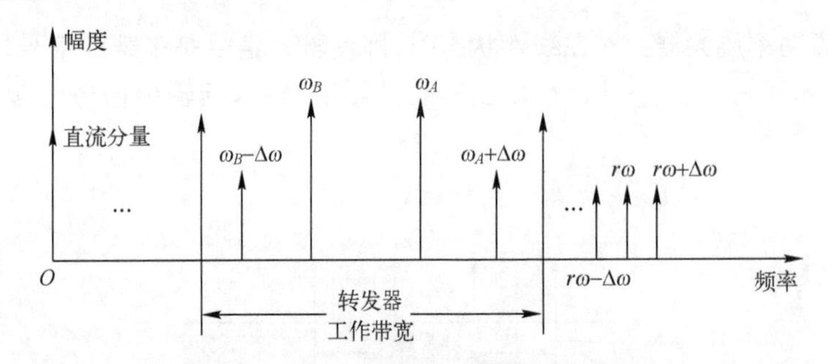

图 5.11 奇次方项输出信号频谱示意图

因此,对于高功率放大器的幅度非线性可以总结如下:

(1) 由于载波频率比信号带宽大得多,经过滤波器之后,偶次幂项所产生的互调不会落入转发器频带内。

(2) 奇次幂项所产生的差频分量可能落入转发器带内而产生干扰,如三阶互调、五阶互调、七阶互调分量等。

考虑非线性影响,高功率放大器的幅度非线性特性可简化为

$$V=a_1v+a_3v^3+a_5v^5+\cdots+a_rv^r+\cdots \tag{5.7}$$

对实际的高功率放大器非线性特性测试数据进行拟合表明,系数交替取正负值,且逐渐减小,即

$$a_1>-a_3>a_5>-a_7>\cdots>0 \tag{5.8}$$

从而,可以看出三阶互调的影响最大。

2）相位非线性引起的互调

相位非线性特性如图 5.12 所示，横轴为输入功率相对于饱和点输入功率的归一化分贝值，左边纵轴为相位偏移与饱和点相位的差值，右边纵轴为相位相对于输入功率的变化率。

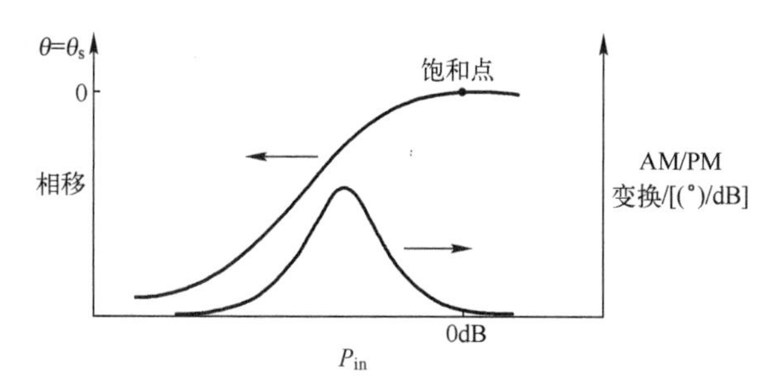

图 5.12　功率放大器的相位非线性特性

射频信号通过功率放大器时产生的相移是包络功率的函数：

$$\phi_x(t)=C_0\overline{v^2}(t) \tag{5.9}$$

从式(5.9)可以看出，随着输入信号功率的变化，会产生相移变化，进而产生新的频率分量，同样形成互调干扰。实验证明，由相位引起的互调比较小，由幅度和相位所引起的总互调，可用幅度非线性产生的互调乘上一个大于 1 的系数来计算，该系数仅与功率放大器的工作点有关。

基于上述对高功率放大器非线性特性分析，减小非线性影响的措施可以总结如下：

(1) 采用补偿的方式减小互调。根据高功率放大器的非线性特性，离饱和点越远，行波管幅度特性的线性度越好，虽然某一段内相位特性的 AM/PM 变换影响比饱和点更严重，但综合结果是离饱和点越远，非线性影响越小。因此，为了使互调的影响减小，多载波条件下的高功率放大器需要进行适当的输入、输出补偿，让工作点与饱和点有一定距离。

(2) 采用恒包络的信号波形可以减小输入信号的波动，从而可以降低非线性影响。

(3) 采用能量扩散信号。当系统通话量减小时，信号接近未调波，互调影响严重，需加上适当的信号对其进行附加调制，使互调干扰噪声扩散，减小对其他信道的影响。

(4) 载波不等间隔排列。若载频等间隔配置，则它们之间产生的三阶、五阶互调正好落在各载频上，造成严重干扰，因此，在频带富裕的情况下，可以将载频进行不等间隔排列，使它们之间的互调落入有用信号的带外。

(5) 利用高功率放大器的幅度和相位特性进行预失真修正。在高功率放大器前面，接入具有与之相反幅度特性和相位特性的器件，用以对高功率放大器的幅度特性和相位特性进行校正，从而使功放系统的输出与输入之间保持良好的线性关系。

在 FDMA 系统中，转发器中的互调是不可避免的，除非采用新的多址制度，使转发器只通过一个载波，如 TDMA 等。地球站的高功率放大器放大多载波信号时同样存在非线性互调问题，但一般来说每个 HPA 工作的载波数比卫星转发器上的载波数少得多，射频功率也比较富裕，可用较大的补偿，因此其问题不如星上那么突出。

3. FDMA 卫星通信系统

频分多址方式比较简单，是卫星通信中成熟的多址技术，FDMA 的基本工作模型如

图 5.13 所示。一组地球站发送的上行链路载波同时由卫星转发到不同的下行链路,卫星只进行频率变换,接收站通过将其接收机调谐到一个相应的下行链路频率来接收信号。由于下行链路中同时存在许多载波,因此,接收地球站要进行滤波以便把发给自己的载波区分出来,而把其他的无关载波滤掉。为了保证滤波器在滤波过程中既可以把相邻的无用载波滤除,又不会使自己的载波受到损伤,在 FDMA 中,相邻的载波之间都会设置一定的保护带。保护带的大小除了和收发地球站载波的频率准确度和稳定度有关以外,还和多普勒频移有关。

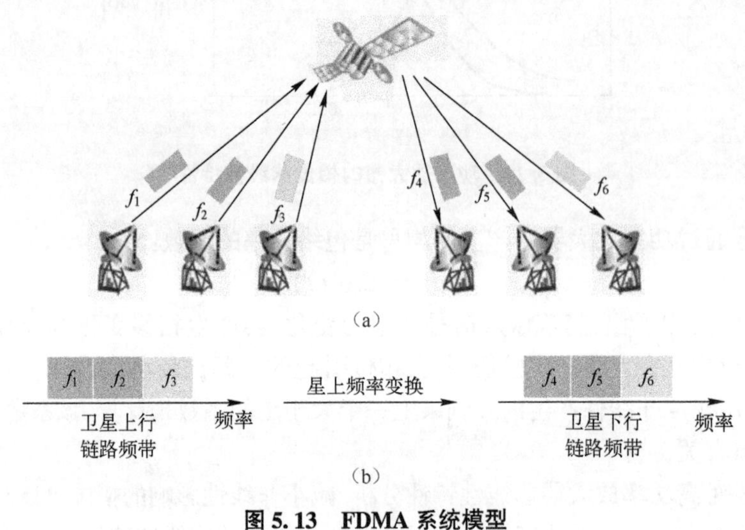

图 5.13 FDMA 系统模型

(a) 原理框图;(b) 频率计划。

5.3.3 时分多址

1. 时分多址的原理和特点

时分多址(TDMA)方式依据的是按时间分割的原理,不同地球站在相同载波的不同时间段发送数据,因此,分配给各地球站的不再是 FDMA 方式的某个频段,而是一个特定的时间间隔(称为时隙)。各地球站在统一的时间基准和定时同步控制下,只能在指定的时隙内向卫星发射信号,这样不同地球站的发送时间互不重叠,卫星转发器将各地球站发来的信号转发出去。TDMA 的特点是信号在时域正交、转发器单载波工作,其识别方法是时间门选择。

TDMA 方式信号是突发式发射和接收,需要将用户数据在规定时隙内发射或接收。但通信过程中用户数据是连续的,而信号发射是不连续的,因此,必须通过存储设备进行缓冲,通过缓冲实现连续到突发和突发到连续的变换,如图 5.14 所示。

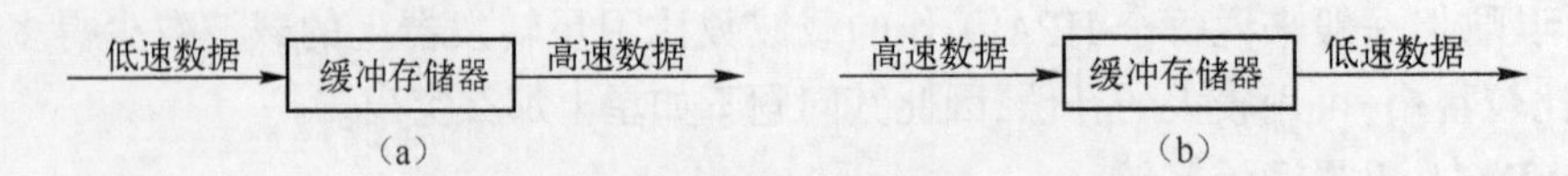

图 5.14 TDMA 中的数据发送与接收原理

在 TDMA 中，将时间按照基准划分为一个个周期，每个周期称为一帧，再将每一帧划分为多个时间段，每个时间段称为时隙，不同用户分配不同的时隙。在通信过程中，用户需要在分给自己的时隙内将一帧时间内的数据发送出去，因此用户速率 R_b、帧长 T_f、缓冲器容量 M、突发时隙和突发速率 R_{TDMA} 之间需要满足如下关系：

$$M = R_b \times T_f \tag{5.10}$$

$$R_{TDMA} = \frac{M}{T_B} = R_b \frac{T_f}{T_B} \tag{5.11}$$

突发工作模式如图 5.15 所示。从图中可以看出，在一帧时间内缓冲存储器按照输入比特率 R_b 来填满，然后这 M 个比特作为一个突发在分配给自己的时隙内高速发送出去。用户数据是低速、连续的，发送是高速、突发的，因此对输入数据的连续性没有影响。在 TDMA 系统中，帧长 T_F 会被加到总的传播时延中，即使发送缓冲器和接收缓冲器之间的实际传播时延为零，接收端在接收到第一个突发之前也必须等待一个帧长的时间。

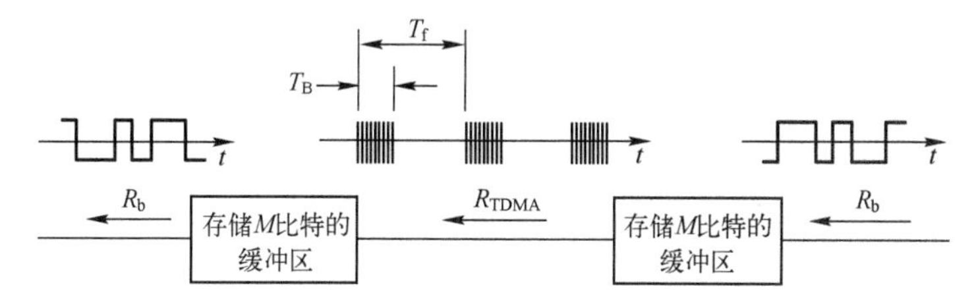

图 5.15　突发工作模式

TDMA 的优点如下：

（1）无互调问题，能充分利用卫星的功率和频带，站多时通信容量仍较大。

（2）由于载波数较少，对单个载波的误差要求不像 FDMA 严格，功率控制精度要求不高。

（3）由于是数字控制方式，业务分配灵活，并且由于突发速率一样，大小站易于兼容。

TDMA 的缺点如下：

（1）为了避免不同地球站发送信号相互干扰，需要精确的网同步。

（2）TDMA 接收机工作在突发模式，技术复杂度高，实现困难。

（3）由于其传输速率比信息速率高得多，低速用户也需要和高速用户相同的 EIRP。

2. TDMA 的帧格式

帧结构用于规定发送信息的顺序、长度和内容的格式。TDMA 系统的帧结构包括基准突发、业务突发和保护时间，其结构如图 5.16 所示。

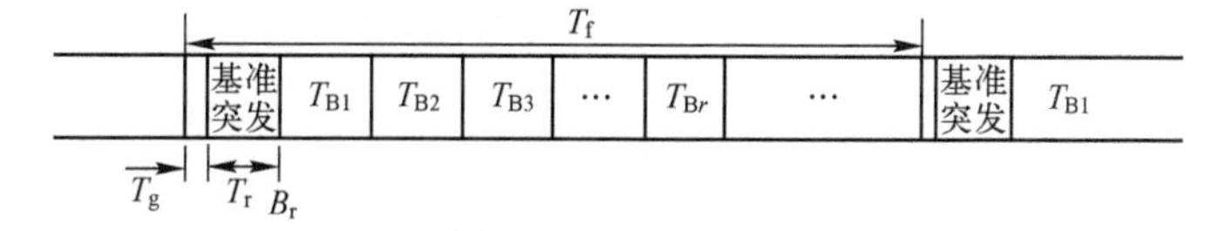

图 5.16　TDMA 帧结构

每个帧中都至少包含一个基准突发，或称为参考突发，基准突发指示一帧开始，由主控参考站发送，其中包含了网同步所需要的定时信息。所有的系统定时都是通过主控参考站中高稳定度时钟获得，卫星的时钟锁定到主控参考站时钟上。系统中的各地球站必须根据到卫星的距离变化做出修正，因为各地球站发送的突发在到达卫星时必须同步。

基准突发的结构如图 5.17 所示,包括载波恢复(CR)、比特定时恢复(BTR)、独特码(UW)、站址标识码(SIC)。

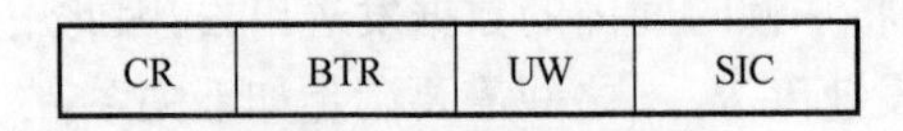

图 5.17　基准突发结构

载波恢复:在 CR 时隙中是一个未调载波信号,它用作检测器内本地振荡器的同步参考信号,这个本振产生一个同接收载波相干的输出信号。

位定时恢复:BTR 时隙的载波被一个已知相位变化的序列所调制,它可以帮助恢复位定时信号。

独特码:通过将本地存储的 UW 与输入突发中的比特相比较来检测一组接收比特与 UW 匹配的时刻,用来产生突发在帧中位置的精确时间参考。在 UW 中包含了已知的比特序列,可用于解决相干检测中的相位模糊问题。

地球站标识码:用来标识发送的地球站。

业务突发用来发送用户通信信息,业务突发中的报头是一个业务突发的起始部分,它携带的信息类似于基准突发。报头提供载波和位定时恢复比特及用作突发定时的独特码。业务突发的独特码不同于基准突发,不同的独特码是用来区分这两种类型的突发,业务突发的结构如图 5.18 所示。

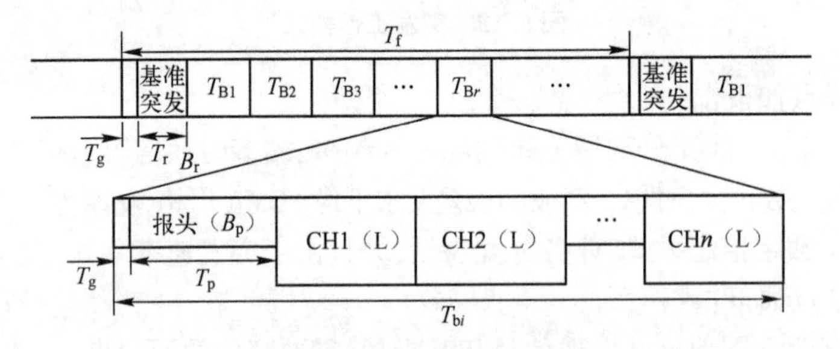

图 5.18　业务突发的结构

保护时间 T_g:相邻突发之间的保护时间防止突发间重叠,不同突发的保护时间可能不一样,它依赖于各种突发在每帧内的定位精度。

下面分析与帧有关的参数。

1) 突发速率

根据帧结构可以计算出 TDMA 系统的突发速率,即为一帧当中发送的总比特数与发送比特的时间之比:

$$R_{\mathrm{TDMA}}=\frac{B_r+mB_p+NL}{T_f-(m+1)T_g} \tag{5.12}$$

2) 帧效率

帧效率为一帧中发送的业务比特占发送的总比特的比值:

$$\eta_f=\frac{\text{业务比特数}}{\text{总比特数}}=1-\frac{\text{开销比特数}}{\text{总比特数}} \tag{5.13}$$

开销比特包括报头、报尾、保护间隔和每帧中参考突发比特的总和。对于一个固定的额外开销,一个较长的帧或者更多的总比特数可获得更高的帧效率。较长的帧意味着较大的缓冲存储器,同时也增加了传播时延。较小的额外开销可以提高帧效率,但是减少同步和保护时间可能意味着需要更复杂的设备。

根据时间占用情况,帧效率也可以表示为

$$\eta_{\mathrm{f}}=\frac{T_{\mathrm{f}}-T_{r}-mT_{\mathrm{p}}-(m+1)T_{\mathrm{g}}}{T_{\mathrm{f}}} \tag{5.14}$$

3) 帧长的选择

在对地静止卫星系统中,实际传播时延较大,必须避免由其他因素所造成的多余时延。T_{f}越长,帧与帧之间载波的相关性便越差,用帧与帧相关性恢复载波电路时,解调过程中会引起附加相位噪声。

4) 系统容量

令 R_{b}表示话音信道的比特速率,假设有 n 条话音信道供所有接入该转发器的地球站使用,因此一帧内总的到达业务比特速率为 nR_{b},而以帧效率来表示的一帧内的业务比特速率为 $\eta_{\mathrm{f}}R_{\mathrm{TDMA}}$,因此

$$nR_{\mathrm{b}}=\eta_{\mathrm{f}}R_{\mathrm{TDMA}} \tag{5.15}$$

$$n=\frac{\eta_{\mathrm{f}}R_{\mathrm{TDMA}}}{R_{\mathrm{b}}} \tag{5.16}$$

3. TDMA 中的定时技术

TDMA 中定时的目的是保证每个突发在分配的时隙到达卫星,是通过定时标记来实现的。定时标记是由参考突发提供,通过卫星链路转发到各业务站,在业务站通过检测参考突发中的独特码来表示接收帧的开始(SORF)。网络运行依赖于一个突发时间计划,突发时间计划向每个地球站表明该站接收的突发相对于 SORF 的位置。

TDMA 系统的优点是 TDMA 的突发时间计划由软件控制,所以要比 FDMA 方式更容易适合业务类型的改变。但是,实现同步过程非常复杂,由于卫星位置的缓慢变化,必须对传播时延的变化不断进行修正。

TDMA 系统定时的步骤包括初始捕获和分帧同步。初始捕获是指地球站开始发射突发时,如何保证此突发正确地进入指定的时隙,而不会误入其他时隙造成干扰。分帧同步是指当系统正常工作时,地球站每隔一帧时间发一次信号,如何保证各分帧之间维持精确的时间关系而不会发生重叠。

同步主要有开环定时控制与自环定时控制。开环定时控制是指地球站在接收到基准定时标记后,按照突发时间计划以固定时间间隔发送,突发间留有足够的保护时间来吸收传播时延的变化,使用这种方法得到的突发位置误差可能非常大,需要较大的保护时间,会降低帧效率;在一般开环定时的基础上,通过轨道数据或测量计算得到业务站到卫星的距离,业务站就能够根据计算结果不断地对发送定时作出修正,补偿距离的变化,从而实现自适应开环定时。自环定时控制也称为直接闭环反馈,自环法需要地球站能够接收到自己的发送信号,据此确定传输距离,自环法只能应用在卫星发射的波束覆盖了网内所有地球站的全球波束或区域波束的情况。

4. TDMA 卫星通信系统

转发器的输出功率和带宽限制了系统的传输容量。在 TDMA 系统中,由于突发速率

比信息速率大得多,因此在同样信息速率条件下需要比 FDMA 高得多的发射功率。

如果是星上功率受限系统,则 TDMA 系统总的载噪比基本等于其下行链路载噪比,下行链路载噪比就成为决定其传输速率的因素:

$$R_{\mathrm{TDMA}}=[C/N_0]-[E_b/N_0]_{\mathrm{th}} \tag{5.17}$$

式中:$[E_b/N_0]_{\mathrm{th}}$为系统的门限信噪比,由传输体制与所要求的误比特率决定。

由于 TDMA 是时分方式工作的,不同地球站占用不同的时隙,可以把全部地球站的信号看作一个连续信号,因此其总的信息速率等于 R_{TDMA}。

下面对 TDMA 系统的功率特点进行分析。

假设每条载波的调制比特速率等于输入的比特速率,并假设每个地球站的输入比特速率 R_b是相同的,每个地球站的[EIRP]也是相同的。在频分多址方式中,传输速率等于比特速率,信号的发送是连续的,如图 5.19(a)所示。在时分多址方式中,由于信号是突发的,为了将输入比特速率 R_b转换为发送比特速率 R_{TDMA},需要压缩缓冲器,发送信号是突发的,突发速率远远大于信息速率,如图 5.19(b)所示。

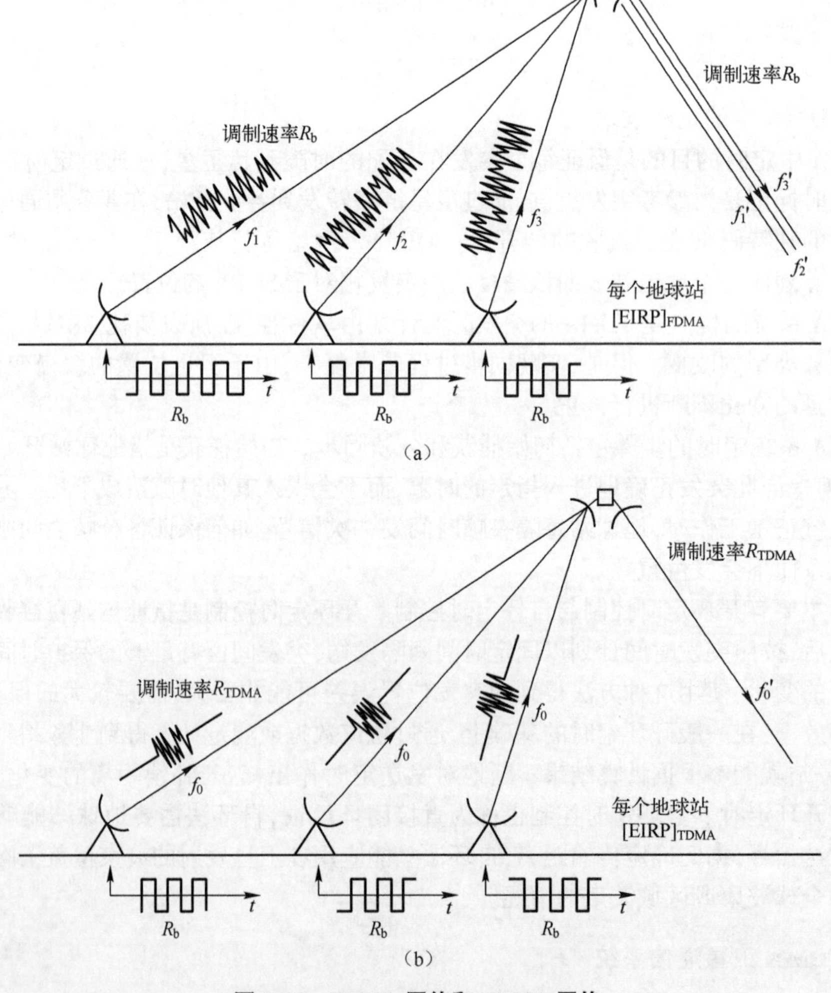

图 5.19　FDMA 网络和 TDMA 网络

信噪比与发送速率的关系为

$$[C/N_0]=[E_b/N_0]+[R] \tag{5.18}$$

对于 FDMA 系统的上行链路来讲,$[R]=[R_b]$,对 TDMA 系统的上行链路来说,$[R]=[R_{TDMA}]$。由于 TDMA 地球站的突发速率要高于 FDMA 的发送速率,因此需要较高的[EIRP],假定 TDMA 和 FDMA 上行链路具有相同的传播损耗和卫星$[G/T]$,式(5.19)给出了通过增加地球站的[EIRP]增加$[C/N_0]$到所需要的值:

$$[\mathrm{EIRR}]_{TDMA}-[\mathrm{EIRP}]_{FDMA}=[R_{TDMA}]-[R_b] \tag{5.19}$$

对于相同的地球站天线增益,用分贝表示的 TDMA 相对于 FDMA 所需高功率放大器输出功率的增加值为

$$[P]_{TDMA}-[P]_{FDMA}=[R_{TDMA}]-[R_b] \tag{5.20}$$

与 FDMA 一样,TDMA 网络既可工作在预分配模式下,也可以工作在按申请分配模式下。两种模式下,业务数据突发都被划分为寻址到不同目的站的时隙,任何一个目的站只在分配给它的时隙内接收数据。

TDMA 的业务分配与 FDMA 存在差别,在 TDMA 中时隙的分配是软件控制实现的,而在 FDMA 系统中信道分配需要地球站的硬件设备配合,因此 TDMA 在信道重新分配方面更加灵活。另外,TDMA 的突发长度可变,当业务需求改变时,分配给一个站的突发长度可以改变。TDMA 的突发个数同样可变,可以保持突发长度不变,但每个站在一帧内可使用的突发个数可根据需求改变。

5.3.4 码分多址

1. 码分多址的原理和特点

码分多址(CDMA)是按照所用的码序列不同来区分不同地球站的信号,码序列称为地址码。每个站配有不同的地址码,发送信号需要被地址码调制,接收不同站发送的信号时,只有知道其地址码,才能解调出相应的基带信号,而其他接收机因为地址码不同,无法解调出信号。由于作为地址码的码片速率远大于信息速率,使得地址码调制后的信号频谱远大于原基带信号的频谱,所以 CDMA 通常通过扩频技术实现,其识别方法是地址码相关器。

CDMA 的优点如下:

(1) 无须在各地球站之间进行频率和时间上的协调,灵活方便。

(2) 所用的扩频技术具有抗干扰能力。

(3) 由于通常采用扩频方式,信号功率谱密度低,具有抗截获能力。

CDMA 的缺点如下:

(1) 为了减小多址干扰,需要对系统内地球站发送功率进行严格控制。

(2) 由于扩频占用较宽的带宽,频带利用率低。

2. CDMA/DSSS 系统

码分多址通常采用直接序列扩频(DSSS)技术来实现,通常称为 CDMA/DSSS 技术。直接序列扩频的基本原理是用具有高码率的扩频码序列在发送端去直接调制信息比特,从而使发送信号的频谱扩展,在接收端用相同的扩频码序列去做相关,对扩频信号进行解

扩,从而把展宽的扩频信号还原成窄带信号。

直接序列扩频技术具有抗干扰抗截获能力,其抗干扰能力是通过接收机解扩时对窄带干扰的抑制产生,因为在信道上引入的窄带干扰在接收机的解扩处理当中相当于被扩频了,从而使得干扰信号的频谱展宽、谱密度降低,经过窄带滤波器的干扰功率就被降低了。因此,扩频带宽越宽,解扩之后的干扰信号的谱密度就越低,落入窄带滤波器的干扰信号功率就越小,从而其抗干扰能力就越强。同时,由于直接序列扩频信号的谱密度很低,常常比噪声的谱密度还低很多,具有隐蔽性,因此具有抗截获能力。

在 CDMA 中,每个用户都有一个地址码,不同用户的地址码正交,时域或频域均重叠。$C_i(t)$ 和 $C_j(t)$ 分别是第 i 个和第 j 个用户的地址码,它们满足

$$\int_T C_i(t)C_j(t)\,\mathrm{d}t = \begin{cases} 1, & i = j \\ 0, & i \neq j \end{cases} \tag{5.21}$$

CDMA 系统中地址码的识别方法是码相关器。

在 CDMA 系统中,所有载波同时存在于相同的射频频带内,但每个载波使用一个在接收端能够使它区别于所有其他用户的独特的地址码。载波首先按照常用的方法被信息调制,然后由一个地址码对调制信号进行扩频调制,从而将频谱扩展到可用的射频带宽内。

在图 5.20 中,$p(t)$ 是一个双极性二进制信息信号,$c(t)$ 是一个双极性二进制地址码信号,这两个信号构成了乘法器的输入,乘法器的输出正比于两个输入的乘积 $p(t)c(t)$,这个乘积信号作用于第二个调制器,它是输出是在载波频率上的 BPSK 信号。

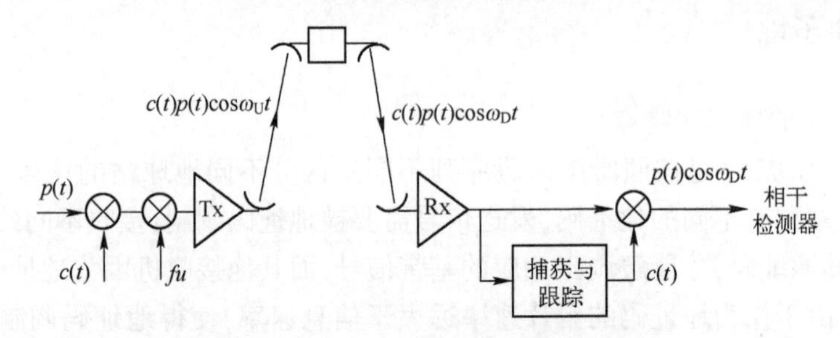

图 5.20 CDMA/DSSS 系统工作过程

假定载波频率是上行链路频率,因此上行链路的载波为

$$e_U(t) = c(t)p(t)\cos(\omega_U t) \tag{5.22}$$

下行链路载波为

$$e_D(t) = c(t)p(t)\cos(\omega_D t) \tag{5.23}$$

在接收机处,一个相同的本地地址码产生器同步到下行链路中的 $c(t)$ 信号,这个同步功能是由捕获和跟踪模块完成。由于 $c(t)$ 是双极性二进制信号,本地产生的 $c(t)$ 与发端的 $c(t)$ 同步,其乘积 $c^2(t) = 1$。这样乘法器的输出为

$$c(t)e_U(t) = c^2(t)p(t)\cos(\omega_D t) = p(t)\cos(\omega_D t) \tag{5.24}$$

3. CDMA/DSSS 系统的抗干扰能力

在 CDMA 系统中,通常用处理增益 G_p 来衡量 CDMA 的抗干扰能力,它定义为接收机

解扩相关器的输出信干比与输入信干比的比值,即

$$G_p=\frac{C_o/J_o}{C_i/J_i} \tag{5.25}$$

通常假定信号功率通过解扩之后没有变化,并且干扰信号的功率谱密度在解扩前、后可近似看作是均匀的,则

$$C_o=C_i,\quad \frac{J_i}{J_o}=\frac{W_i}{W_o} \tag{5.26}$$

式中:W_i与 W_o分别为解扩前后信号带宽。

则

$$G_p=\frac{W_i}{W_o}=\frac{R_c}{R_b} \tag{5.27}$$

可以看出,直接序列扩频技术处理增益的大小决定了系统抗干扰能力的强弱。

4. CDMA/DSSS 系统地址码选择

CDMA 系统中地址码具有重要的作用,地址码的选择是个重要问题,地址码的选择原则通常有以下方面:

(1) 具有尖锐的自相关特性和弱的互相关特性,白噪声的特征具有这种特性。

(2) 选用的地址码族中,所含的可用码序列的数量应足够多,使系统的通信容量不受地址码数量的限制。

(3) 码序列的周期应足够长,以提供必要的处理增益。

(4) 不同码元数尽量平衡。

要同时满足上述所有特性,任何一种编码都达不到。真正的随机信号和噪声是不能重复再现的,只能产生一种周期性的脉冲信号来近似随机噪声的性能,称之为伪随机码或 PN 码。伪随机码有很多种类,包括 m 序列、M 序列、Gold 序列、混沌序列等。

5. CDMA/DSSS 系统的同步技术

CDMA/DSSS 系统中同步技术包括载波同步和地址码同步,其中载波同步包括载波频率和载波相位同步,从而使得在相干接收条件下能够准确解调。地址码同步使本地地址码与需接收到的用户信号中的地址码在每个周期的起止时间相互对准,从而实现顺利解扩。

图 5.21 是 CDMA/DSSS 系统的同步过程,包括捕获过程与跟踪过程,接收机在一开始不知道对方是否发送了信号和发送扩频序列的相位,因此,需要有一个搜索过程,即在一定的频率和时间范围内搜索和捕获有用信号,把对方发来的信号与本地信号的频率、相位之差限定在同步保持范围内。一旦完成捕获,就进入跟踪过程,在捕获的基础上,进一步减小收发两个序列的相位误差,使两者达到精确同步,并继续保持同步,不因外界影响而失去同步。也就是说,当由于外界因素的影响,使得频率和相位发生偏移时,同步系统都能加以调整,使收发信号仍然保持同步。

所有的搜捕方法的共同特点是用本地扩频码与收到的信号进行相关运算,获得两个序列的相关值,并与一阈值相比较,以判断是否捕获到有用信号。如果确认为捕获到有用信号,则开始进入跟踪过程,使系统保持同步;否则,调整本地扩频码的相位,再继续搜捕。当捕获到有用信号后,即收发 PN 码相位差在半个码片以内时,同步系统转入同步跟踪阶

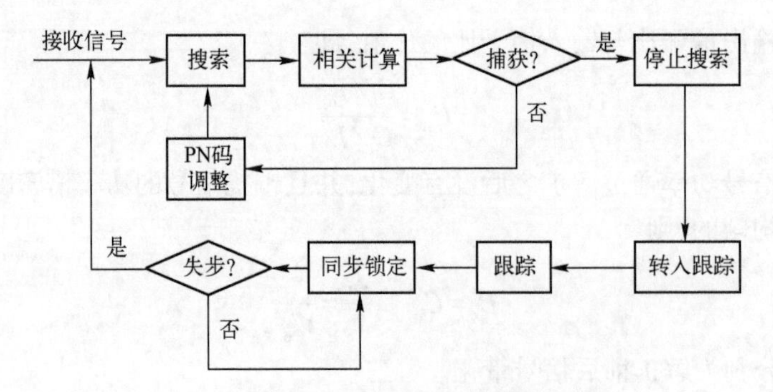

图 5.21　CDMA/DSSS 系统的同步过程

段。无论什么外界因素引起收发两端 PN 码的频率或相位偏移在一定的范围内,要求同步系统总能使收端 PN 码跟踪发端 PN 码的变化。当两端相位发生变化后,环路能根据误差大小进行自动调整以减小误差,同步系统多采用锁相技术。

常用的捕获方法包括滑动相关捕获法和匹配滤波捕获法。捕获性能指标包括检测概率、虚警概率和捕获时间。

6. CDMA/DSSS 系统的吞吐量

在总数为 K 个用户的系统中,对任何一个用户来说,其余 $K-1$ 个用户都是噪声,这些噪声在接收机的带宽内是近似均匀分布的,因此噪声功率谱密度为

$$N_0=\frac{(K-1)P_R}{B_N} \tag{5.28}$$

若用户的信息速率为 R_b,则

$$E_b=\frac{P_R}{R_b} \tag{5.29}$$

则

$$\frac{E_b}{N_0}=\frac{B_N}{(K-1)R_b} \tag{5.30}$$

在 BPSK 检测器中噪声带宽近似等于中频带宽,此时带宽为

$$B_N=B_{IF}=(1+\alpha)R_c \tag{5.31}$$

比特信噪比为

$$\frac{E_b}{N_0}=\frac{(1+\alpha)R_c}{(K-1)R_b} \tag{5.32}$$

可得到容量为

$$K=1+(1+\alpha)\frac{R_c}{R_b}\frac{1}{E_b/N_0} \tag{5.33}$$

即

$$K=1+(1+\alpha)G_p\frac{1}{E_b/N_0} \tag{5.34}$$

CDMA 用于卫星通信系统具有如下优点:

(1) 小站天线的波束比较宽,容易受到邻近卫星干扰,CDMA 通过扩频获得的抗干扰

能力对于减小邻星干扰有益。

（2）当反射信号的时延超过一个码片周期并且接收机锁定在直射信号上时，可以克服多径干扰。

（3）系统中各地球站之间不需要同步，地球站可在任何时候接入系统。

（4）系统中用户数的增加对系统性能的恶化是平缓的，如果能够接受性能的某些下降，就可以容纳更多用户。

5.3.5 空分多址

空分多址（SDMA）的原理是通过卫星上指向不同空间的波束来区分不同地球站，如图 5.22 所示。同一波束内可用 FDMA、TDMA、CDMA 方式来区分用户，不同波束间则通过波束的空间隔离来区分，即不同波束的用户可以使用相同的频率、时间和地址码，而不会相互干扰。通过 SDMA 方式可以实现频率复用，因此，目前已成为提高容量的手段。

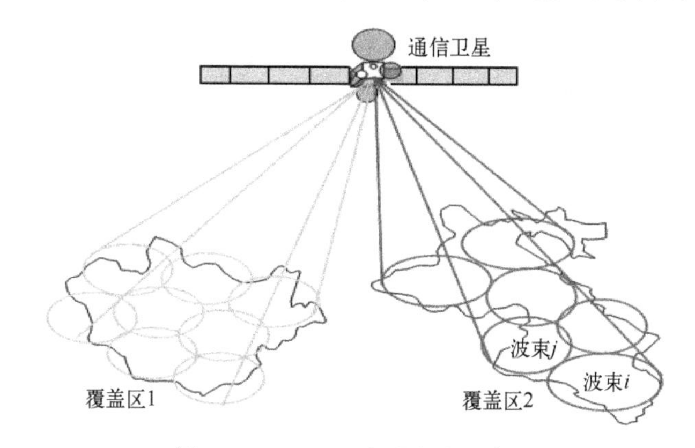

图 5.22　SDMA 多址方式示意图

SDMA 的优点如下：

（1）可以提高卫星频带利用率，增加系统容量。

（2）提高卫星的 EIRP 和 G/T 值，降低地球站的发送要求。

SDMA 的缺点如下：

（1）星上天线系统复杂，对卫星控制技术要求严格。

（2）需要波束之间进行交换，增加了星上设备复杂度。

SDMA 通常与其他多址方式结合使用，如多波束 TDMA、FDMA 或 CDMA 卫星通信系统。

5.3.6 多频时分多址

多频时分多址（MF-TDMA）可看作是 FDMA 和 TDMA 体制的结合，它综合利用了两种体制的优点，图 5.23 给出了 MF-TDMA 系统时频信道划分结构示意图，在多频时分多址系统中，首先每个载波是时分使用的，但是一个转发器或一个系统可以有多个载波。每个载波的 TDMA 速率可以相同也可以不同，甚至同一载波不同时隙的载波速率也可以不同。同单载波 TDMA 系统相比,由于 TDMA 载波的速率降低,大大降低了小站的发送能力要求,通过使用不同载波速率的 TDMA 可构成一个能够同时兼容大、小站且具有灵活组网能力的卫星通信系统。

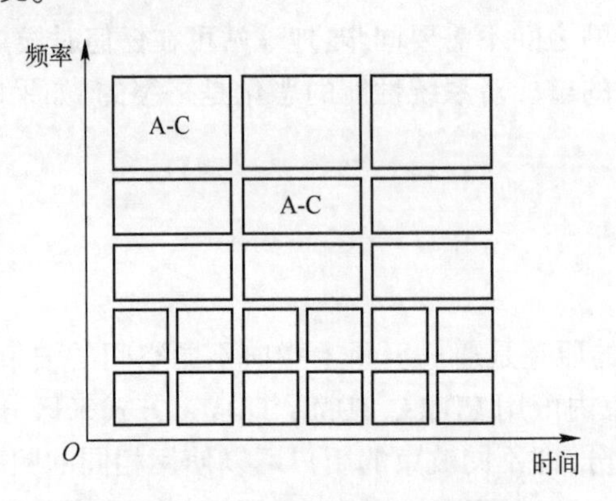

图 5.23 MF-TDMA 多址时频结构

MF-TDMA 的优点:具备一点到多点通信能力,可灵活组成各种网络结构;具有中高速数据通信能力;可对信道资源进行动态分配,提高 IP 数据业务的资源利用率;可以在设备体积和系统容量间取得最佳折中;支持综合业务的传输,可以与多种地面网络互联互通;可以方便地实现同现有系统的兼容。

MF-TDMA 的缺点:需要多个载波上实现全网同步;时隙分配算法复杂;由于多载波工作,会带来互调噪声的影响。

MF-TDMA 系统容量的扩充:一个载波的 TDMA 系统可以构成较小规模的网络,这是大多数通信系统的初期应用方式。但随着用户数目的不断增加和每站业务量的增加,就需要扩充系统的容量。对于 MF-TDMA 系统来讲增加系统容量的方式有两种:一是增加载波数,不增加载波速率;二是增加载波速率,不增加载波数。第一种方法不需要增加地球站的天线口径和功放功率,适合于网络规模比较大,而地球站发射、接收能力受限的情况。

5.3.7 随机多址

当卫星用户进行数据分组业务时,如果数据信息是随机、间断的方式使用卫星信道,采用预分配或者按申请分配方式,传输效率都会非常低,这时就需要采用新的信道分配方式,来满足分组业务动态、随机、非实时、用户数多的特点。

卫星信道进行数据分组业务传输的特点如下:

(1) 随机地、间断地使用信道,峰值与平均传输速率的比值很大。

(2) 存在从低速到高速的多种数据速率。

(3) 可以分组传输。

(4) 利用卫星通信具有广播的能力,网内可能拥有大量低成本的地球站。

采用竞争性的随机多址方式可以满足这些特点。

1. ALOHA 的原理及特点

ALOHA 是一种随机多址方式,起源于美国夏威夷大学的一个项目,起初用于地面网,从 1973 年开始用于卫星通信系统。其基本特征是若干地球站共用一个卫星转发器的频段,各站在时间上随机地发送其数据分组,若发生碰撞则重发,图 5.24 是其基本原理。

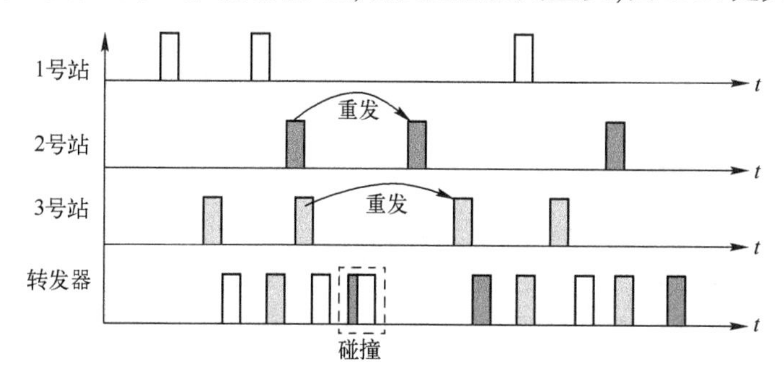

图 5.24　三个站利用 ALOHA 方式发送信号时的情况

ALOHA 系统的优点如下:

(1) 全网不需要定时和同步,各站发射时间完全随机。

(2) 业务量较小时,性能良好,信道利用率优于 TDMA 预分配和按申请分配方式。

但是当数据业务繁忙,发生碰撞概率增多时,就会出现如下情况:网内用户数增多导致碰撞次数增加,从而使得重发次数增加,因此发生更多的碰撞,然后有更多次重发,最终造成系统崩溃,因此,ALOHA 系统会出现不稳定现象。ALOHA 系统为不稳定系统,需要进一步提高信道利用率和系统稳定性。

2. S-ALOHA 的原理及特点

纯 ALOHA 协议中,缩小易受碰撞区,就可以减少分组的碰撞概率,提高系统利用率。基于这一出发点,提出了 S-ALOHA(称为时隙 ALOHA)。其基本思想是将以转发器输入口为参考点的时间轴等间隔地分成许多时隙,各站按照时隙发送分组,时隙宽度等于一个分组传送时间,不像纯 ALOHA 方式那样完全随机,其原理框图如图 5.25 所示。

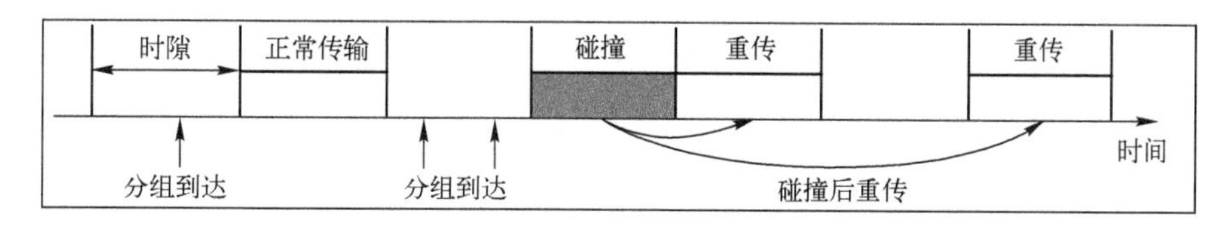

图 5.25　S-ALOHA 方式发生碰撞和重发的情况

S-ALOHA 的最大信道利用率比纯 ALOHA 系统可以提高 1 倍,但和纯 ALOHA 的原理相同,依然是不稳定系统。S-ALOHA 全网需要定时和同步,设备复杂度增高,每个数据分组持续时间必须是固定的。

3. R-ALOHA 的原理及特点

对于同时存在长短报文的系统,存在以下问题:对传送较长的信息时,如果采用 ALOHA 或 S-ALOHA 方式,将信息分成很多数据分组发送出去,接收站就必须在很长时间后才能收到全部信息。当需要接收站对收到的信息及时应答时,传输时延甚至可能会超过要求的响应应答时间,从而造成通信混乱。因此,提出了一种新的方式 R-ALOHA(R 是指预约(Reservation)的意思)。其基本思想是当某地球站发长报文时,经该站申请预约,分配给它一段时隙,让其一次发送一批数据,对于短报文则使用非预约的时隙,按 S-

ALOHA 方式进行传输。因此,信道处于预约状态和 S-ALOHA 状态两种状态,在预约状态发送成批数据,在 S-ALOHA 状态,发送短报文或者申请信息。预约状态和非预约状态都分时隙,但预约状态的时隙要长得多,成批数据可占用连续几个预约时隙。R-ALOHA 方式分出一段信道以预约方式给长报文用户,剩下一段信道采用竞争方法给短报文用户。

但 R-ALOHA 依然存在问题,增加了系统的复杂度,并且没有解决系统不稳定性的问题。为了解决系统不稳定性问题,提出了中心调控方案和双信道 ALOHA 方案两种方案。中心调控方案适用于星状网络,通过在分组报头中设置"重发指示比特",当系统不稳定时,系统启动"加快处理流量控制装置",对业务量超过预置门限的站,分配一个非竞争信道,使用完后再收回信道,以避免或缓解全网的不稳定。

双信道 ALOHA 方案适用于高业务量场合,设置 A_1 和 A_2 两个信道,A_1 信道专门供申请预约信息(以 S-ALOHA 方式),A_2 信道则专门用于传送数据,由中心站分配,这样就避免了业务量大时系统出现不稳定的情况。

5.3.8 载波监听多址

载波监听多址(CSMA)是 ALOHA 的改进型,其基本原理是:当站点要传输数据的时候,先监听信道,如果信道忙,则不传输数据,继续监听信道;如果信道空闲,则传输数据。CSMA 多址的最大信道利用率要远远高于 ALOHA 或者 S-ALOHA,其最大利用率由帧的平均长度和传播时间决定;帧越长或传播时间越短,信道利用率越高。

需要说明的是,CSMA 多址方式虽然有监听的功能,但是当两个站点同时发送数据时,还是会有发生碰撞的可能。考虑到这种情况,发送站点在发送完后要等待一段时间以等待确认帧,还要考虑来回传输的最大时间和发送确认的站点竞争信道的时间,如果没有收到确认,发送站点认为发生了冲突,就会重发该帧。

显然,CSMA 仍然不能完全消除"碰撞"现象,如果网络节点的传播时间较长而信道不空闲时却有多个站点同时检测到信道空闲导致"碰撞"频繁发生,最终将降低 CSMA 协议效率。故 ALOHA 多址协议更多地应用于广域网中,CSMA 多址协议更多地应用于局域网中。

总之,除了常用的 FDMA、TDMA、CDMA 和 SDMA 外,还有这几种多址方式相互结合后得到的其他多址方式,如 FDMA 和 TDMA 结合后得到的多频 TDMA(MF-TDMA),SDMA 和 TDMA、FDMA 结合后得到的空分交换的 TDMA 和空分交换的 FDMA 等。

选择不同的多址方式需要考虑以下因素:

(1) 卫星频带利用率、功率利用率。

(2) 业务类型、业务量和网络增长的适应能力。

(3) 技术先进性和可实现性。

(4) 保密性、抗干扰能力等。

(5) 成本和经济效益。

5.4 抗干扰技术

在卫星通信中,发射机向空间辐射带有信息的无线电信号,接收机从复杂的电磁环境中接收这些信号,这种开放的发射和接收使敌方易于施放通信干扰。军事卫星通信系统,面对的严重干扰是敌方故意施放的各种干扰,通信抗干扰技术是卫星通信为削弱或消除敌方干扰和其他干扰对己方通信的影响,保证己方通信设备发挥正常效能而采用的技术,包括以扩频通信技术为主的频域抗干扰技术、以自适应时变和处理技术为主的时域抗干扰技术,以自适应调零天线为主的空域抗干扰技术。

5.4.1 卫星通信面临的干扰威胁

从卫星通信的干扰来源分,主要有以下几种:

(1) 自然干扰:主要指卫星通信传输链路受到的各种自然条件影响,如雨、雪、云、雾、电离层闪烁、太阳磁暴和日凌等,这些干扰无法避免,只能采取一定保护措施降低影响。

(2) 设备故障干扰:主要包括卫星故障和地面设备故障两大类。

卫星故障是指通信卫星的整星或者某转发器失效或故障带来的影响。

地面设备故障一般是地面站设备经过长时间工作,频率、功率稳定度等技术指标发生变化,或者设备产生杂波、电缆串入其他信号后发射上星,产生的干扰。

(3) 地面干扰:主要包括地球站设备的杂波干扰、地面电磁干扰、互调干扰、交叉极化干扰等。

地球站设备的杂波干扰是指地面通信链路中设备杂散指标不合格,工作载波中带有杂波或谐波;调制器、上变频器输出电平过高;上变频器、高功率放大器的工作点设置不当,造成的载波噪声。

地面电磁干扰是由于地面存在大量的微波、雷达、无线电视、调频广播、工业电噪声等,这些干扰源通过上行链路发射上星造成上行干扰或串扰下行链路造成接收干扰。

互调干扰是当两个或多个不同频率的信号输入到非线性电路时,由于非线性器件的作用,会产生很多谐波和合成频率的分量,其中与所需要的信号频率相接近的组合频率成分会顺利通过接收机而形成干扰,其中三阶互调干扰最严重。对于卫星通信而言,一般当上行站处于多载波工作状态时,由于功放容量储备不足,回退不够,三阶互调分量超过规定,或上行发射功率超标,使卫星转发器被推至非线性工作区,导致下行互调性能恶化。处理的方法是严格配合卫星入网验证测试,并在功放的线性工作区加强上行载波监视。

交叉极化干扰是由于发射站或接收站的天线极化隔离度本身没有达到要求,或者通信用户调整卫星不到位,造成正交极化信号泄露到主极化内,对主极化信号造成的干扰。

(4) 空间干扰:主要包括邻星干扰和相邻信道干扰。

邻星干扰是指相邻卫星之间产生的干扰,产生的原因是由于地球静止轨道上的卫星数量越来越多,两颗卫星的间隔也越来越近,由原来的5°左右降低到现在的2.5°左右,分为邻星上行干扰和邻星下行干扰。

相邻信道干扰是由发射机的邻道泄漏、接收机的领道选择性、接收机阻塞指标等因素引起的。此外,谐波失真、互调等也会引起非同频干扰。

(5) 人为干扰:主要指一方有目的、有计划地去干扰另一方的卫星通信,通常破坏性较强,有两种方式:压制式干扰和欺骗式干扰。

压制式干扰通常采用噪声或类噪声的强干扰信号来遮盖或淹没通信信号,致使通信接收机降低或丧失正常接收信息的能力。一个大的干扰,即使其频域、时域特性都没能满足于干扰信号最佳特性的要求,也有可能达到有效干扰;一个小的干扰,即使其频域、时域特性都符合干扰信号最佳特性的要求,也很难达到有效干扰。根据干扰信号频谱宽度相对于被干扰的通信接收机带宽的比值关系(同时干扰的信道数),压制性干扰又可划分为(窄带)瞄准式干扰和(宽带)阻塞式干扰两类。根据干扰信号作用时间的不同,压制性干扰还可分为连续波干扰和脉冲干扰两类。

欺骗式干扰是故意制造虚假的干扰信号,使这些信号经过伪装,很像敌方设备期望的信号,从而诱使敌方错误地理解或使用获得的信息。虽然干扰信号的功率不足以压制通信信号,但是欺骗式信号难以消除且破坏性很大。

5.4.2 干扰信号的强度

由于卫星通信站、干扰站与处于地球同步静止轨道的卫星之间的距离基本相近,只要干扰站的 EIRP 与通信站的 EIRP 相近,就可以对正常卫星通信形成干扰。干扰机的 EIRP 值和干扰频段是衡量其电子攻击能力的重要指标。

地面干扰机一般采用很大口径的天线和大功率发射机,可以获得非常高的 EIRP 值,对卫星转发器是一个极大的威胁。干扰卫星上行链路的最大威胁来自地面干扰机。地面干扰机功率放大器的输出功率随着技术发展不断呈数量级地提高,目前,采用电真空器件构成的功率放大器,其输出功率水平如表 5.1 所列。

表 5.1 电真空器件功率放大器最大输出功率

	C 频段	Ku 频段	Ka 频段	EHF 频段
连续波	10kW	5kW	400W	100W
脉冲波	1MW~1GW	400kW~10MW	60kW~1MW	4~10kW

机载干扰机是带有电子干扰设备对被干扰方通信设施进行干扰的军用飞机。机载干扰机的天线尺寸及指向精度、电源功率都受到限制,只能提供中等以下的 EIRP。机载干扰机干扰下行链路的作用范围较小,且需要飞行到作战区域上空时才能实施干扰,易受到干扰方的火力攻击。一般都利用战略运输机、重型攻击机和战斗轰炸机的机体加装电子干扰设备而成。利用低轨道干扰卫星或机载干扰机干扰下行链路时,与 GEO 卫星通信链路相比具有传播损耗低的优势,低轨道干扰卫星可以在很大作战区域范围内产生干扰。

5.4.3 扩频抗干扰技术

扩频通信技术的理论基础可以用香农公式描述:

$$C = B \cdot \log_2\left(1+\frac{S}{N}\right) \tag{5.35}$$

式(5.35)表明,在高斯信道下,当传输带宽 B 很宽时,即使信噪比 S/N 很低,仍可以保持信道容量 C 不变。当扩频通信系统的传输带宽比信息速率大几十倍至几万倍时,在相同的信噪比条件下,由频带扩展带来的冗余可以换取抗干扰能力的增强。

扩频通信技术是用特定的伪随机序列(又称为扩频码/扩频序列或伪噪声序列)将待传送的信号的频谱展宽后再传输;接收端则采用相同的伪随机序列进行相关处理,恢复为原来带宽的信号。与一般通信系统比较,扩频通信系统增加了扩频调制和解扩两部分功能。

按扩频方式的不同,扩频通信可分为直接序列扩频、跳频扩频、跳时扩频、线性调频和混合方式等类型,卫星通信中主要采用直接序列扩频和跳频扩频技术。

1. 直接序列扩频(DS-SS)

直接序列扩频是用高速扩频序列直接对待传输的信息作频谱扩展构成的通信系统,它是目前应用较广泛的一种扩频通信系统,收信端产生一个与发送端地址码完全相同的码序列,用它对接收信号相关处理进行解扩,结果使信号重新恢复到原始信号带宽。

衡量 DS 扩频通信技术性能的主要指标有抗干扰能力指标、多址通信能力指标、同步性能指标和解扩解调误码性能指标。衡量抗干扰能力的指标是干扰容限,衡量多址通信能力的指标是通信容量,衡量同步性能的指标是平均捕获时间、同步精度等。

2. 跳频扩频(FH-SS)

跳频扩频是用伪随机序列控制信号的载波,使之在多个频率上按特定的跳频图案改变而产生扩频信号,收端产生一个与发信号载波频率变化规律相同的本地载波,再把信号恢复到原来的频带。跳频系统可随机选取的频率数通常是几百个或更多,频率变化的速率是 10~10 万次/s。

跳频扩频技术可分为快跳频和慢跳频。一种是按照绝对跳频速率来分,通常认为跳频速度大于 1000 跳/s 的为快跳频,小于 1000 跳/s 的为慢跳频。还有一种分法,是根据跳频周期与码元周期的关系来确定,即快跳频指每个数据符号间隔内存在多个频率跳变($T_s = mT_h$,m 为整数,且 $m \geqslant 2$),慢跳频指每个跳频频率驻留时间内存在一个以上的数据符号($T_h = mT_s$,m 为整数,且 $m \geqslant 1$)。

通常用扩频因子或扩频处理增益来衡量扩频通信的抗干扰能力。扩频因子实际上是指扩频倍数,即扩频后带宽与扩频前带宽之比。对于直接序列扩频,其值为扩频码序列的速率与原始信息速率的比值。扩频处理增益定义为扩频解扩器输出端与输入端的信噪比的比值,有时也定义为扩频信号带宽(B_{ss})与原始信号带宽的比值。

处理增益 G_p 的大小与扩频因子成正比,其值越大,表示信噪比改善程度越高,所对应的抗干扰能力越强,故它对卫星通信系统的抗干扰性能起主要作用。

5.4.4 自适应调零天线技术

军事卫星通信中,通常存在许多各种不同性质的(包括有意的和无意的)电磁干扰,这些干扰信号受到时空等多种因素的影响而不断变化强度和/或入射方向。天线技术是卫星通信系统抗干扰技术的重要组成部分,它不依赖于所采用的具体抗干扰形式,也不会对所采用的具体干扰样式敏感,能提供较大抗干扰能力。

自适应调零天线能够针对正在变化着的信号环境自动调整天线波束的零点位置使之对准干扰信号来向,并能通过降低天线波束的旁瓣电平实现干扰信号的对消,同时保证天线主瓣波束(指向有用信号方向)输出始终处于最佳状态,调零天线技术对卫星通信干扰保护示意图如图 5.26 所示。

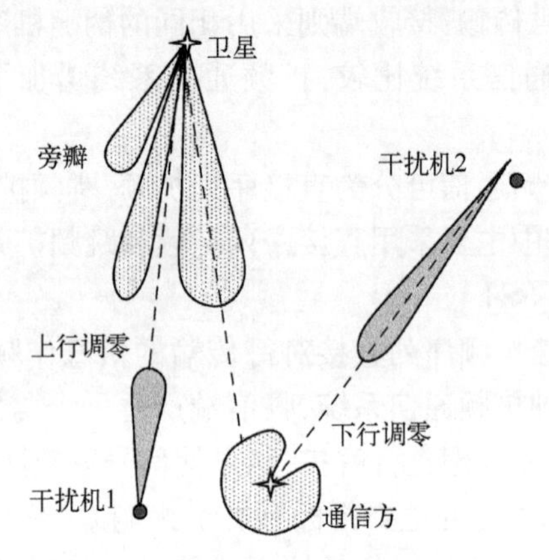

图 5.26 调零天线技术示意图

多波束天线是实现自适应调零天线的基础。多波束天线可以是由一组馈源喇叭馈电的透镜天线或反射面天线,也可以是由一个波束形成网络激励的平面阵列。不同的多波束天线实现方案的复杂程度和性能也不相同,其技术指标包括调零个数、调零深度、调零分辨率。

自适应调零天线的抗干扰能力很强,能有效抑制宽带干扰、窄带干扰、同频干扰和邻近系统干扰等不同形式的干扰,极大地增强通信系统的抗干扰性能,已经逐渐成为军用卫星通信系统主要的星载天线形式。自适应天线调零的抗干扰特点可以概括如下:

(1) 具有良好的空间鉴别能力。传统天线依靠降低旁瓣来抑制主瓣以外的干扰,旁瓣电平越低,天线的抗干扰性能越好,但是对落入主瓣内的干扰则无能为力。自适应天线调零技术则可以突破这种传统天线的波束概念,无论干扰源是否处于主瓣内,自适应地将方向图零点调至干扰信号的来波方向。

(2) 同时抑制多个干扰。自适应天线能够对多个干扰信号进行调零处理,其数目由天线阵的自由度决定。一般地,如果自适应天线具有 M 个阵元(或馈源),则至多有 $M-1$ 个自由度,因而可形成多个方向图零陷,有效抑制从不同方向入射的干扰信号。

(3) 对多种不同类型干扰的抑制。自适应天线实际上是空间滤波器,这种空间滤波作用也称为波束形成。从带宽考虑,自适应波束形成既可以设计成抑制窄带干扰,也能设计成抑制宽带干扰。由于波束形成的最佳权矢量依赖于有用信号的空间特征或它们的统计特征,独立于干扰信号的波形结构,因此能在多种类型的干扰环境下形成方向图零陷,实现对多种干扰信号的抑制。这在其他抗干扰技术中是难以做到的。

(4) 对付强干扰的杀手锏。自适应天线能够提供深度零陷,因而可以极大地消除干扰信号。根据已有的一些实验和实际系统的测试结果,自适应天线调零技术至少能够提供20~30dB的零陷深度。

(5) 与其他抗干扰技术兼容。自适应天线调零是基于空域处理的抗干扰技术,与各种通信体制和其他抗干扰技术有着很好的兼容性,且能够相互弥补各自的缺陷。特别是自适应天线与频谱扩展技术的结合应用,是军用通信系统综合抗干扰的一种优化方案。

由于具有上述诸多优点,自适应调零天线技术作为一种强有力的抗干扰手段在军用通信中受到广泛的重视。但是也应该指出,与其他抗干扰技术相比,自适应调零天线技术实现复杂度大大增加。因此,在卫星自适应调零天线的具体应用中,需要选择合理的天线形式和波束形成网络实现方案,适当的自适应调零算法和信号处理器结构,以使自适应调零处理系统既能满足不同的性能指标要求,同时又尽可能简单、易于实现。

5.4.5 星上处理技术

星上处理转发器相对于透明转发器有明显的抗干扰优势,处理转发器将上行与下行链路分开,并对上行干扰加以识别、处理,使其影响减小或加以消除。

采用星上处理的卫星链路,可以组成两种星地链路方式:

(1) 星上对上行链路信号进行解调,时分复用后再然后转发到下行链路,星上没有译码和编码。

(2) 星上对上行链路信号进行解调并译码,时分复用后编码再调制,然后转发到下行链路。星上解调或译码后可以在星上进行交换,以完成波束间和星际链路间的数据交换。

星上处理技术限制上行链路噪声、干扰、失真等影响在下行链路的积累,提高下行链路的功率利用率,从而提高系统的整体性能;可以同自适应调零天线相结合,提高上行抗干扰能力;使星上自主控制成为现实,系统可以在无中心站控制下工作,增加系统的顽存性。

5.4.6 干扰消除技术

直接序列扩频是一种有效的抗干扰通信体制,在军事通信中一直备受重视。其抗干扰的原理是利用扩频码的相关性在解扩时把不相关的干扰信号能量扩散,把相关的有用信号能量聚集。但如果干扰信号太强,将会使得能量扩散后解扩解调器仍不能正常工作。干扰消除的基本思想是采取一种措施在解扩解调前把强干扰的能量尽量消除,不让强干扰信号进入解扩解调器,从而保证解扩解调器正常工作。干扰消除的原理如图5.27所示。

图5.27(a)是干扰消除模块输入端的干信比示意图,图5.27(b)是干扰消除模块输出端的干信比示意图,可以看出强干扰信号经过干扰消除模块后减小很多。图5.27(c)是经过解扩后信号能量被集中,干扰能量进一步被减弱。即使进来大的干扰信号,在进行解扩前干扰信号能量已经被削弱很多,从而大大提高直接序列扩频系统的抗干扰性能。

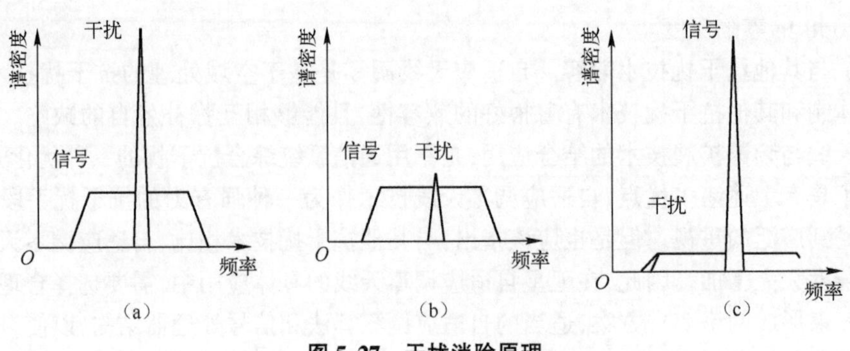

图 5.27 干扰消除原理

5.5 信道分配方式

5.5.1 常用的信道分配方式

信道分配方式是将信道资源依据一定的规则分配给各地球站使用,因此信道分配的对象是按照多址方式划分的信道资源,如频带、时隙、窄波束、码型等。信道分配的目标是设法使分配给各地球站的通道数能随所要处理的业务量变化而变化,使系统既不发生阻塞又不浪费资源,尽可能提高整个系统的信道利用率。

5.5.2 预分配的原理和特点

预分配方式是把信道资源分为若干子信道,按事先约定半永久地分给每个地球站,各地球站只能使用分给它的这些特定信道,其他地球站不能占用这些信道。在不同的多址体制下,分配给用户的信道的表现形式不一样,在 FDMA 方式下,是载波频率和带宽;在 TDMA 方式下,则是时隙。

预分配方式的优点:由于信道是专用的,地球站间建立连接简单、迅速,基本不需要控制设备。

预分配方式的缺点:使用不灵活,通道不能调剂,因此适合于业务量大的通道;但在业务量较轻时,信道利用率较低,不能适应业务量变化,存在浪费或者不足。该方式只有在每个信道大部分时间都在工作时,通信效率才高。

在卫星通信系统的组网应用中,该方式主要应用于节点间的中继链路、战场指挥所之间的链路。

5.5.3 按申请分配的原理和特点

预分配的矛盾在于业务量通常是随机变化的,而信道的分配是固定的,两者很难达到匹配。对于业务量较小,且地球站较多的卫星通信网,最好采用分配资源可变的方式,即卫星信道不是或不完全是固定分配给各个地球站专用的，而是根据地球站的申请临时分配给其使用，使用完毕，通道资源收归公用，这就是按申请分配或称为按需分配(DA)。

按申请分配方式需要设置一个中心站集中控制信道分配，统一管理系统的所有信道，每个站只有在有业务传送需求时，向中心站申请，由中心站根据当前的信道使用情况为其分配信道。通信完毕后，又被收归公用，可以分配给其他地球站使用。这种分配方式灵活、信道利用率高，但需要专门信道进行信道分配，专门信道称为公用信令通道，因此实现比较复杂。

5.5.4 其他分配方式

1. 随机分配方式

随机分配方式是系统中各地球站随机占用信道的一种信道分配方式，不需要信道控制系统，当用户需要通信时可以随机占用信道，适用于各用户通信量较小的情况。由于传送数据的时间很短，具有“猝发”的特点，采用随机占用信道方式，可大大提高信道利用率。随机分配方式存在不稳定现象，当系统中同时工作的用户过多时，会造成频繁的“碰撞”，造成系统不稳定。

2. 动态按需分配

无论是固定分配还是按需分配，用户一旦获得分配的信道后，信道就被该用户独享，即使该用户没有信息发送其他用户也不能占用，对于突发性很强的数据业务必然造成信道资源的浪费。例如，在浏览网页过程中，当下载一个网页时需要使用信道，而在观看这个网页时信道则是空闲的，这时信道资源如果不能给其他用户使用，则会造成很大的浪费。动态按需分配就是解决信道资源浪费的一种信道分配方式，它体现在两个方面：一是初始信道分配时的带宽可以和网管中心协商确定；二是工作过程中信道带宽可以动态调整，即当用户的业务速率较高时，可以提高分配信道的带宽，当用户速率降低时可以减小信道的带宽。

在实际系统中，通常情况是多种分配制度结合使用。例如，网管外向信道是典型的单向预分配信道，网管内向信道又是随机分配方式，而业务信道则采用按需分配方式。

5.5.5 小结

不同分配方式各有特点，预分配方式适合站少、业务量大又均匀的场合，特点是通道效率比较高、设备简单、连接方便；按申请分配方式适合站多、业务量不大的场合，特点是效率高、但设备复杂，其中全可变方式最复杂、通道效率最高；随机分配方式适合非连续、突发和数据业务的场合。

5.6 本章小结

本章首先介绍了卫星通信体制，其次描述了传输技术与抗干扰技术，然后阐述了常用的多址链接方式的原理和特点,最后介绍了信道分配方式。基于卫星通信传输方式与信道特点,突出通信原理相关技术与信号体制在卫星通信中的特殊性与应用方式。

习 题

1. 卫星通信体制的基本内容包括哪些?

2. 卫星通信中的调制方式主要可分为哪两类?

3. 卫星通信中的差错控制有哪几种方式?

4. 卫星通信抗干扰技术主要有哪几种?

5. FDMA 的主要优点与缺点是什么?

6. FDMA 的两种主要方式是什么? SCPC 应用的场合是什么?

7. 为什么 FDMA 链路计算时,考虑非线性对下行链路的影响?

8. 互调产生的原因是什么? 互调的影响是什么?

9. 减少互调的主要措施是什么?

10. TDMA 的主要优点与缺点是什么?

11. TDMA 中缓冲器的选择需要考虑哪些因素?

12. TDMA 为什么需要系统定时? TDMA 系统中同步包括哪两部分?

13. TDMA 帧结构中报头的作用? 主要包括哪几部分?

14. 一个 TDMA 帧,参数如下:TDMA 帧长 $T_f = 2\text{ms}$,每帧发送的等效总比特数是 240000bits,基准突发为 720bits,消息突发的报头为 784bits,每个保护时间为 0.4μs,系统中有 64 个消息突发和 1 个基准突发。求:帧效率 η_f;这样的 TDMA 帧能容纳多少条 32kb/s 的话音信道?

15. TDMA 与 FDMA 两种多址方式有什么不同? 为什么 TDMA 适合大业务量的站,而 FDMA 适合小站?

16. 简述 FDMA/TDMA 应用方式的好处?

17. 实现 CDMA 多址技术的基础是什么? CDMA 的主要优点与缺点是什么?

18. CDMA 系统中对地址码的主要要求是什么?

19. CDMA 的地址码同步包括哪两个阶段?

20. 在一个 CDMA 系统中,地址码将载波扩频到一个 36MHz 带宽的信道内,滚降因子取 0.4,信息速率为 64kb/s,系统使用 BPSK 调制。计算系统的处理增益(dB)。假定误比特率不能超过 10^{-5}($[E_b/N_0]$近似为 9.6dB(对应的实值是 9.12)),估计能够接入该系统的最大信道数。

21. 给出不同信道分配制度的特点及应用场合。

参 考 文 献

[1] 吕海寰,等．卫星通信系统[M]．修订本．北京:人民邮电出版社,2003.
[2] 张杭,张邦宁,等．数字通信技术[M]．北京:人民邮电出版社,2008.
[3] RODDY D. 卫星通信[M]．郑宝玉,等译．北京:机械工业出版社,2011.
[4] 王丽娜,等．卫星通信系统[M]．北京:国防工业出版社,2012.
[5] 刘功亮,等．卫星通信网络技术[M]．北京:人民邮电出版社,2015.
[6] 花江,等．卫星通信新技术与展望[J]．电讯技术,2014,54(5):674-681.
[7] SUN Z L. 卫星组网的原理与协议[M]．刘华峰,等译．北京:国防工业出版社,2016.
[8] 张洪太,等．卫星通信技术[M]．北京:北京理工大学出版社,2018.
[9] 汪春霆,等．卫星通信系统[M]．北京:国防工业出版社,2012.
[10] 李晖,等．卫星通信与卫星网络[M]．西安:西安电子科技大学出版社,2018.
[11] 续欣,等．卫星通信网络[M]．北京:电子工业出版社,2018.
[12] 张雅声,等．卫星星座轨道设计方法[M]．北京:国防工业出版社,2019.
[13] 吕海寰,蔡建铭,甘仲民,等．卫星通信系统[M]．修订版．北京:人民邮电出版社,1996.
[14] 周辉,郑海昕,许定根．空间通信技术[M]．北京:国防工业出版社,2010.
[15] 林卫民．信息化战争与卫星通信[M]．北京:解放军出版社,2005.
[16] 张邦宁,魏安全,郭道省．通信抗干扰技术[M]．北京:机械工业出版社,2006.